ZHUANGBEI YEYA YU QIDONG JISHU

装备液压与气动技术

杨 洁 主编

化学工业出版社

·北京·

本书共十章，系统地介绍了装备液压与气动技术。第一章液压与气动技术基础知识，以部队装备液压与气动技术适用为主、够用为度为原则，列举装备应用案例，为后续章节学习奠定基础。第二章～第七章，围绕装备液压技术，详细介绍了装备液压系统中常见的泵、缸、阀、辅助元件、基本回路以及应用案例，并适当引入装备故障诊断与维修技术。第八章～第十章，以装备气动技术为背景，适当精简了液压与气动技术的相似知识，重点介绍了装备气动系统中特有的元件与回路，并用常见的车辆气压制动系统串联整个知识体系。

本书适应新时期军事人才培养模式，可供军队院校装备保障类专业学员，地方大学本科、专科院校机械电子工程专业学生，从事工程机械、武器装备液压与气动领域维修保障人员等学习使用。军校学员与部队基层官兵为核心读者。

图书在版编目（CIP）数据

装备液压与气动技术/杨洁主编．—北京：化学工业出版社，2019.9

ISBN 978-7-122-34696-4

Ⅰ．①装… Ⅱ．①杨… Ⅲ．①液压传动-高等职业教育-教材②气压传动-高等职业教育-教材 Ⅳ．①TH137②TH138

中国版本图书馆 CIP 数据核字（2019）第 118903 号

责任编辑：赵玉清　丁文璇　　　　　　　　　　装帧设计：张　辉
责任校对：杜杏然

出版发行：化学工业出版社（北京市东城区青年湖南街 13 号　邮政编码 100011）
印　　装：大厂聚鑫印刷有限责任公司
787mm×1092mm　1/16　印张 9　字数 221 千字　2019 年 9 月北京第 1 版第 1 次印刷

购书咨询：010-64518888　　　　　　　　　售后服务：010-64518899
网　　址：http://www.cip.com.cn
凡购买本书，如有缺损质量问题，本社销售中心负责调换。

定　　价：35.00 元　　　　　　　　　　　　　版权所有　违者必究

前 言

随着现代化武器装备技术的飞速发展，部队迫切需要大批具有扎实装备技术基础、掌握高新技术、有维修保障实践经验的高层次应用型人才。为适应新时期军事人才培养模式，军队院校与时俱进，以能力培养为切入点，以"服务部队"为宗旨，持续优化人才培养方案、课程结构体系，旨在培养具备优秀岗位任职能力的学员。

液压与气动技术广泛应用于现代化武器装备中，是陆、海、空、火箭军武器装备的关键技术之一，"装备液压与气动技术"是机械工程、维修保障等学科专业的核心课程，也是学员全面、深入掌握装备技术的基础课程。书名中的"装备"，特指武器装备。地方高校选用教材，大都与机床液压、工程机械液压紧密联系，涵盖大量理论性的计算、公式推导，缺乏液压与气动系统的故障诊断与排除等相关内容，难易程度、案例背景、内容宽度等方面都与部队及军校教学不相适应。因此编写具有军事特色的装备基础理论教材迫在眉睫。

本教材的编写采用"面向部队、面向装备、面向未来，突出多兵种、多类型装备液压与气动系统特色"的编写思路。创新点及特色在于：①内容先进，体现了国内外装备液压与气动技术的最新发展，满足社会与技术发展对人才培养的需求；②针对性强，紧密结合各类装备液压与气动系统案例，建立技术基础课程与岗位任职课程间的联系纽带，满足装备保障、技术维修人员掌握复杂装备技术需求。

教材编写团队长期坚守教学第一线，熟悉地空导弹武器复杂装备的液压与气动系统，积累了丰富的教学与实践经验，在不牵涉国家机密的前提下，编写并公开出版《装备液压与气动技术》教材，不仅为军校、部队人员答疑解惑，更衷心希望与地方兄弟院校、同类专业领域的师生进行交流合作。本书由杨洁主编，参加编写工作的还有：王崴，高虹霓，刘海平，瞿珏，邱盎，刘晓卫。本课程相关配套学习实验资源可登录陕西省虚拟仿真实验教学中心——军用特种机械装备虚拟仿真实验教学中心平台查用。

由于编者水平有限，书中不妥之处在所难免，敬请广大读者更正。

编者
2019 年 2 月

目　录

第一章　液压与气动技术基础知识

每部完整的机械装备都有传动系统，以达到传递动力的目的。相对于传统机械传动与电传动系统，流体传动是一门新兴学科，常见的有液压传动与气压传动，近年来广泛应用于各类武器装备中，并向快速、高效、高压、大功率、低噪音、经久耐用、高度集成化等方向发展，特别是光、机、电、液、气一体化技术的高度融合，构成了现代化武器装备的重要特点。本章简要介绍装备液压与气动技术的基本概念、力学基础、典型应用等。

第一节　液压与气动技术基本概念

一、液压传动与气压传动的定义

所谓液压传动就是以液体为工作介质，依靠运动着的液体的压力能来传递动力的传动方式。以图 1-1 所示的液压千斤顶为例，杠杆手柄 1、小活塞 2、小油缸 3、单向阀 5 和单向阀

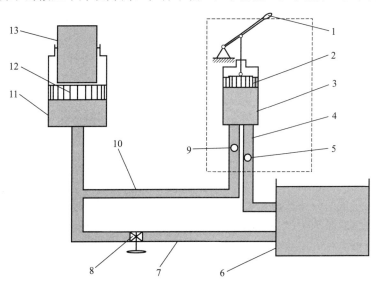

图 1-1　液压千斤顶

1—杠杆手柄；2—小活塞；3—小油缸；4,7,10—管道；5,9—单向阀；
6—油箱；8—放油阀；11—大油缸；12—大活塞；13—重物

9 组成手动液压泵。如提起手柄使小活塞向上移动，小活塞下端油腔容积增大，形成局部真空，这时单向阀 5 打开，在大气压的压力作用下，油箱 6 中的液压油通过管道 4 进入到小油缸 3 中，弥补局部真空，形成吸油。用力压下手柄，小活塞下移，小油缸下腔压力升高，单向阀 5 关闭，单向阀 9 打开，下腔的油液经管道 10 输入大油缸 11（举升液压缸）下腔，迫使大活塞 12 向上移动，顶起重物 13。再次提起手柄吸油时，单向阀 9 自动关闭，使油液不能倒流，从而保证重物不会自行下落。不断往复扳动手柄，就能不断地把油液压入举升液压缸下腔，使重物逐渐地升起。如果打开放油阀 8，在重物的重力作用下，举升液压缸下腔的油液通过管道 7 流回油箱，重物向下移动。以上就是液压千斤顶的工作过程，它是以液压油为工作介质，依靠其压力能传递动力，是一个典型的液压系统。

图 1-2　古代水排

液力传动是一种常见的流体传动方式，极易与液压传动概念相混淆。如图 1-2 所示古代水排，河流驱动水排旋转，通过带传动、连杆机构等，实现拉风箱生火。显然，水排是以液体为工作介质，但却没有通过液体压力能来传递运动，河流的液体分子没有受到挤压，而是通过液体的动能传递运动，因此，它属于液力传动范畴，不作为本教材的讲授范畴。

与液压传动相对应，气压传动是以压缩气体为工作介质进行能量和信号传递、转换、控制的一门自动化技术，是装备自动控制的重要手段之一。

二、液压与气动系统的组成

液压系统由以下四部分组成。

① 动力元件：液压泵，它将机械能转换成液压能，是系统的动力源。

② 执行元件：把油液的液压能转换成机械能输出的装置。它可以是作直线运动的液压缸，也可以是作回转运动的液压马达或摆动缸。

③ 控制元件：对系统中的油液压力、流量和流动方向进行控制和调节的元件，如图 1-1 中的单向阀。

④ 辅助元件：油箱、油管、过滤器以及各种指示器和控制仪表等。它们的作用是提供必要的条件，使系统正常工作和便于监测控制。

除此之外，工作介质（液压油）也是液压系统的重要组成，它像血液一样在系统中流动，实现运动和动力的传递。

气动系统的组成与液压系统相类似，也是由动力元件、执行元件、控制元件、辅助元件四大部分所组成，只是因工作介质的区别，具体的元件类型有所区别。如动力元件为空气压缩机，常用的辅助元件有干燥器、空气过滤器、消声器、油雾器等。

总而言之，液压与气动系统在结构组成、工作原理、能量转换等方面具有相通之处。它们均是由电机向系统输入机械能，经由动力元件（液压泵或空气压缩机）将这一机械能转换为（液体或气体）压力能，控制元件再对压力能进行调节与控制，配合辅助元件，最终，输出满足执行元件运动需求的直线运动或回转运动的机械能。

三、液压系统的工作特性

装备液压系统的压力与负载间的关系：系统工作时，外界负载越大（在有效承压面积一定的前提下），所需油液的压力也越大，反之亦然。因此，液压系统的油压力（简称系统的压力，下同）大小取决于外界负载。负载大，系统压力大；负载小，系统压力小，负载为零，系统压力为零。

装备液压系统的速度与流量间的关系：活塞或工作台的运动速度（简称系统的速度，下同）取决于单位时间通过节流阀进入液压缸中油液的体积，即流量。流量越大（在有效承压面积一定的前提下），系统的速度越快，反之亦然；流量为零，系统的速度亦为零。

四、液压与气动系统的图形符号

为了简化液压与气动系统原理图，国际上对液压、气动元件制定了相应的图形符号，用以代表有关元件的职能，使系统图简单明了，便于绘制，由于不能代表其具体的结构，所以称为职能符号。教材中元件职能符号以 GB/T 786.1—2009 为标准。而在实际应用中，有些液压与气动元件的职能无法用这些符号表达时，可采用结构示意的形式。如图 1-3 所示，图（a）为手动式三位四通换向阀结构示意图，图（b）为职能符号图。

不同元件的职能符号不尽相同，但遵循一定规律，例如液压系统职能符号与气动系统职能符号最显著的区别即为空心三角与实心三角。如图 1-4 所示，图（a）表示为液压泵，图（b）表示为空气压缩机。

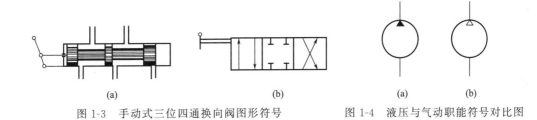

<table>
<tr><td>（a）</td><td>（b）</td><td>（a）</td><td>（b）</td></tr>
</table>

图 1-3　手动式三位四通换向阀图形符号　　　图 1-4　液压与气动职能符号对比图

五、液压与气动系统的优缺点

1. 与机械传动、电气传动相比，液压与气压传动具有的优势

① 液压与气动执行机构在空间中布置自由、灵活。机械传动由齿轮、轴、连杆等来实现传动，属于刚性传动，执行机构的布置受空间和位置的限制；液压与气动属于流体传动，执行机构的布置非常灵活，因此，机械手的传动一般都采用液压或气压来传动。

② 液压与气压传动在组成控制系统时，与机械装置相比，其操作方便、省力，系统结构空间的自由度大，易于实现自动化，且能在很大的范围内实现无级调速，传动比可达（100～2000）∶1。如与电气控制相配合，可较方便地实现复杂的程序动作和远程控制。此外，液压与气压传动还具有传递运动均匀平稳，反应速度快，冲击小，能高速启动、制动和换向等优点，且易于实现过载保护；液压与气压控制元件标准化、系列化和通用化程度高，有利于缩短系统的设计、制造周期和降低制造成本。

2. 液压传动的优点

液压传动的功率-质量比大，这意味着同样功率的控制系统，液压系统体积和质量小，这是因为机电元件（例如电动机）受到磁性材料饱和作用的限制，单位质量的设备所输出的功率比较小。液压系统可以通过提高系统的压力来提高输出功率，这时仅受到机械强度和密封技术的限制。在机电元件情况下，发电机和电动机的功率-质量比仅为 165W/kg 左右，而液压泵和液压马达的功率-质量比可达 1650W/kg，是机电元件的 10 倍。在航空、航天技术领域应用的液压马达的功率-质量比可达 6600W/kg。做直线运动的动力装置与液压缸相比差距更加悬殊，从单位面积出力来看，液压缸一般可达到 $(7.0 \sim 30.0) \times 10^6 \mathrm{N/m^2}$，而直流直线式电动机为 $0.3 \times 10^6 \mathrm{N/m^2}$ 左右。

3. 气压传动的优点

① 空气可以从大气中取用，无介质费用和供应上的困难。可将用过的气体直接排入大气，处理方便。泄漏不会严重影响工作，不会污染环境。

② 空气的黏性很小，在管路中的阻力损失远远小于液压传动系统，宜用于远程传输及控制。

③ 气压传动维护简单，使用安全。

④ 气动元件可以根据不同场合，采用相应材料，使元件能够在恶劣的环境（强振动、强冲击、强腐蚀和强辐射等）下进行正常工作。

4. 液压与气压传动的缺点

液压与气压传动也有一定的缺点，例如传动介质的易泄漏性和可压缩性会使传动比不能严格保证；由于能量传递过程中压力损失和泄漏的存在，使传动效率低；液压与气压传动装置不能在高温下工作；液压与气压控制元件制造精度高以及系统工作过程中发生故障不易诊断等。

气压传动与电气、液压传动相比还有以下缺点。

① 气压传动装置的信号传递速度限制在声速（约 340m/s）范围内，所以它的工作频率和响应速度远不如电子装置，并且信号会产生较大的失真和延滞，也不便于构成较复杂的控制系统。

② 空气的压缩性远大于液压油的压缩性，因此在动作的响应能力、工作速度的平稳性方面不如液压传动。

③ 气压传动系统出力较小，且传动效率低。

第二节　流体传动工作介质

一、液压传动的工作介质

1. 液压油的类型

由于液压系统的应用范围不断扩大，不同的环境工况、使用条件及其液压系统内在性能的区别，促使液压油的种类不断增加。通常可分为矿物型液压油和阻燃型液压油，如图 1-5 所示。目前军用机械装备中，液压系统工作介质大多数为矿物型液压油，但是，为了节约石油和保护环境，适应野战战场环境，随着阻燃液研究、生产技术的不断发展，阻燃型液压油的采用范围日益扩大。

2. 装备液压系统对液压油的要求

装备液压系统中，油液必须完成三个基本功能：传递动力、润滑和冷却。因此油液的性

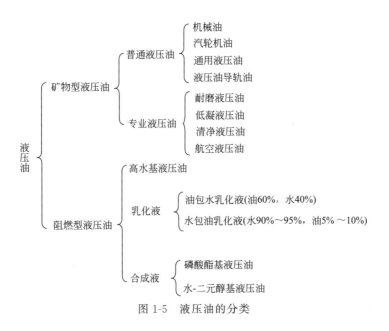

图 1-5 液压油的分类

能会直接影响液压传动的性能，如可靠性、灵敏性、稳定性、系统的效率及零件的寿命等。因此，对于装备液压系统而言，油液性能首先应满足液压系统的普遍要求：

① 适当的黏度，黏温特性好；

② 良好的润滑性；

③ 质地纯净，杂质少；

④ 化学稳定性好；

⑤ 抗泡沫性、抗乳化性好；

⑥ 对金属和密封件有良好的相容性；

⑦ 膨胀小，比热容和传热系数高；

⑧ 凝固点低，闪点和燃点高；

⑨ 无毒，价格便宜。

除此之外，武器装备作业环境复杂多样，有高空、深海、高寒、酷暑等，因此极端环境下的液压系统，对油液的压缩性、黏温特性、黏压特性等物理化学性质要求非常高。

3. 液压油的性质

（1）密度

这里的密度即为液压油单位体积的质量，只是因液压油的品质不同，分为了均质液体密度与非均质液体密度。

液体的密度随温度的升高而下降，随压力的增加而上升。对于液压传动中常用的液压油（矿物油）来说，在常用的温度和压力范围内，密度变化很小，可忽略不计。

（2）可压缩性

液体受压力作用而体积减小的性质称为液体的可压缩性。通常液压油可压缩性越强，对系统的控制精度越不利。在实际的液压系统中，当压力变化时，除纯液体（不含气体）的体积有变化外，液体中混入的气体、包容液体的容器（如液压缸和管道等）也会变形。这就是说，只有全面考虑液压油本身的压缩性、混合在油液中空气的压缩性以及盛放液压油的封闭容器（包含管道）的容积变形，才能真正说明液体压缩的实际情况，所以，液压系统在使用和设计时，应尽量不使油液中混有空气。

（3）黏性

液体在外力作用下流动时，分子间的内聚力阻碍分子间的相对运动，从而产生一种内摩擦力，液体的这种性质，叫作液体的黏性。液体只有在流动时才表现出黏性，静止液体是不呈现黏性的，黏性是液压油的重要特性之一。

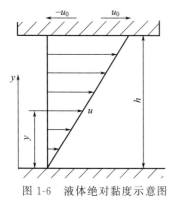

图1-6　液体绝对黏度示意图

液体黏性的大小用黏度来表示。黏度大，液层间内摩擦力就大，油液就"稠"；反之，油液就"稀"。黏度也是选择液压油的主要指标，黏度大小会直接影响液压系统正常工作的效率及灵敏性。

① 我国常用三种黏度是绝对黏度、运动黏度及相对黏度。

绝对黏度，又称动力黏度，利用牛顿内摩擦定律，通过实验（图1-6），获得的液体流动时相邻液层间的内摩擦力 F_f 与液层接触面积 A、液层间的速度梯度 du/dy 成正比的比例系数，即为绝对黏度，通常用 η 表示。其单位，在 C.G.S 制中采用 P（泊，$1cP = 1dyn \cdot s/cm^2$），现在 SI 制中则采用 Pa·s [帕·秒，$1Pa \cdot s = 1N \cdot s/m^2 = 10P$（泊）$= 10^3 cP$（厘泊）]。

液体的运动黏度为绝对黏度与密度的比值，没有明确的物理意义，但它在工程实际中经常用到。因为它的单位只有长度和时间的量纲，类似于运动学，所以被称为运动黏度。它的单位有 m^2/s、cm^2/s(St) 和 mm^2/s(cSt)，它们之间的关系是：$1m^2/s = 10^4 St = 10^6 cSt$。

工程中常用运动黏度来表示液压油的黏度，如液压油的牌号，通常 32 号普通液压油是指在 40℃时的运动黏度平均值为 $32mm^2/s$ 的液压油；10 号航空液压油是指在 50℃时的运动黏度平均值为 $10mm^2/s$ 的液压油。

动力黏度和运动黏度是理论分析和计算时经常使用到的黏度，但它们都难以直接测量。因此在工程上常使用相对黏度。相对黏度又称为条件黏度，它是利用液体的黏性越大，通过量孔越慢的特性，从而测量出来的。

中国、德国采用的相对黏度是恩氏黏度，恩氏黏度由恩氏黏度计测定：在某一温度下，被测液体从 $\phi 28mm$ 的恩氏黏度计小孔流出 $200cm^3$ 所需的时间 t_1(s)，与 20℃的蒸馏水从同一小孔流出相同的体积所需的时间 t_2(s) 的比值，称作这种液体在这个温度下的恩氏黏度，并以符号°E 表示，即

$$°E = \frac{t_1}{t_2} \tag{1-1}$$

工程上常以 20℃、50℃及 100℃作为测定恩氏黏度的标准温度，相应黏度以符号°E_{20}、°E_{50}、°E_{100} 来表示。在液压传动中，一般以 50℃作为测量的标准温度。

② 黏度与压力、温度的关系：液体的黏度会随压力和温度的变化而变化。

当液体所受压力增大时，其分子间距离减小，内聚力增大，黏度也随之增大。但由于在中、低压液压系统中，液压油的黏度受压力变化的影响甚微，可以忽略不计；若压力高于 10MPa 或压力变化较大时，则应考虑压力对黏度的影响。

液压油的黏度对温度变化十分敏感，温度升高，黏度将显著降低。液压油的黏度随温度变化的性质称为黏温特性。不同种类的液压油具有不同的黏温特性。液压油的黏温特性常用

其黏温变化程度与标准油的相对数值（即黏度指数 VI）来表示。VI 值越大，表示其黏度随温度的变化越小，黏温特性越好。

（4）其他特性

液压传动工作介质还有其他一些性质，如稳定性（热稳定性、氧化稳定性、水解稳定性、剪切稳定性等）、抗泡沫性、抗乳化性、防锈性、润滑性以及相容性（对所接触的金属、密封材料、涂料等的作用程度）等，对选择和使用有重要影响。这些性质需要在精炼的矿物油中加入各种添加剂来获得，其含义较为明显，不多做解释，可参阅有关资料。

4. 液压油的选用

正确而合理地选用液压油是保障液压系统正常、高效工作的条件。液压油的选择包括：油液品种的选择、合适黏度的选用。

各品种的液压油中矿物油的润滑性和防锈性好，黏度等级范围宽，因而为目前 90％ 以上的液压系统所选用。矿物油型液压油的最大缺点是可燃，不能用于高温、易燃、易爆的工作场合。在工作压力不高时，高水基乳化液是一种良好的抗燃液。合成型液压油价格较贵，通常只用于某些特殊设备中，如对抗燃性要求高、高压、温度变化范围大的液压系统。

确定了液压油的品种后，选用合适的油液黏度至关重要。黏度太高或太低，都会影响系统的正常工作。油液的黏度过高，流动时的阻力大，导致系统的功率损失和发热量增大；黏度太低，会使泄漏量加大，导致系统的容积效率下降。因此，要根据具体情况或系统的要求来选用黏度合适的油液。选择时一般考虑以下几个方面。

① 液压系统的工作压力。工作压力较高的液压系统，宜选用黏度较大的液压油，以减少系统泄漏；反之，可选用黏度较小的液压油。

② 环境温度。环境温度较高时宜选用黏度较大的液压油。

③ 运动速度。液压系统执行元件运动速度较高时，为减小液流的功率损失，宜选用黏度较低的液压油。

④ 液压泵的类型。在液压系统中，液压泵对液压油的黏度最为敏感。

各类泵对液压油的黏度有一个适用范围，如表 1-1 所示，其最大黏度取决于该类泵的自吸能力，而其最小黏度则主要考虑润滑和泄漏。因此，常根据液压泵的类型及要求来选择液压油。

表 1-1　各类液压泵推荐使用的黏度范围（50℃） 　　　　　单位：mm^2/s

泵类型		工作温度 5~40℃	工作温度 40~80℃
叶片泵	工作压力≤7MPa	19~29	25~44
	工作压力>7MPa	31~42	35~55
齿轮泵		19~42	58~98
轴向柱塞泵		26~42	42~93
径向柱塞泵		19~29	38~135

二、气压传动的工作介质

1. 空气的组成

自然界的空气由若干种气体混合组成，主要有氮气（N_2）、氧气（O_2）及少量的氩气

（Ar）和二氧化碳（CO_2）等。空气可分为干空气和湿空气两种形态。含有水蒸气的空气称为湿空气，大气中的空气基本上都是湿空气。不含有水蒸气的空气称为干空气。

2. 空气的性质

（1）可压缩性

气体因分子间的距离大，内聚力小，故分子运动的平均自由路径大。因此，分子的体积容易随压力和温度发生变化。气体的体积受压力和温度变化的影响极大，与液体和固体相比，气体的体积是易变的，气体体积随温度和压力的变化规律遵循气体状态方程。在实际工程中，管路内的气体流速较低，湿度变化不大，可将气体看作是不可压缩的，其误差很小。但在某些气动元件（如汽缸、气马达）中，局部流速很高，则必须考虑气体的可压缩性。

（2）黏性

空气黏性受温度影响变化较大，受压力变化的影响极小，通常可忽略。温度升高，黏性增加；反之，温度降低，黏性减少。黏度随温度的变化关系见表 1-2。

表 1-2　空气的运动黏度 n 随温度的变化值（压力为 0.1MPa）

$t/℃$	0	5	10	20	30	40	60	80	100
$n/(10^{-4}\,m^2/s)$	0.133	0.142	0.147	0.157	0.166	0.176	0.196	0.21	0.238

（3）湿度

湿度的表示方法有两种：绝对湿度和相对湿度。湿空气所含水分的程度用含湿度量来表示。湿空气不仅会腐蚀元件，还会给系统工作的稳定性带来不良影响，因此各种气动元件对压缩空气的含水量有明确的规定，常采用相应的措施去除压缩空气中的水分。

空气中水蒸气的含量是随温度而变的。当温度下降时，水蒸气的含量下降；温度升高时水蒸气的含量增加。若要减少进入气动设备中空气的水分，必须降低空气的温度。

第三节　流体力学基础

一、液体静力学基础

液体静力学主要讨论相对静止液体能量平衡规律以及这些规律的应用。所谓"液体静止"指的是液体内部质点间没有相对运动。

1. 压力及其特性

作用于液体上的力有质量力和表面力两种。质量力作用于液体的所有质点上，如重力和惯性力等；表面力作用于液体的表面，可以是其他物体（如容器壁面）作用于液体表面上的力，也可以是一部分液体作用于另一部分液体表面上的力。表面力有法向力和切向力之分。由于静止液体质点间没有相对运动，故不存在内摩擦力。因此静止液体的表面力只有内法线方向的法向力。

习惯上把液体在单位面积上所受的内法线方向上的法向力称为压力，它在物理学中称为压强，公式为

$$p = \frac{F}{A} \tag{1-2}$$

式中，压力的单位为 $Pa(N/m^2)$，称为帕，常用的还有 GPa、MPa 等。

液体静压力的特性:

① 液体的静压力沿着内法线方向作用于承压面。

② 静止液体内任意点处所受到的静压力在各个方向上都相等。

2. 压力的表示方法

压力的表示方法有两种,一种是以绝对真空(零压力)为基准所表示的压力,称为绝对压力;另一种是以大气压力为基准所表示的压力,称为相对压力。由于大多数测压仪表所测得的压力都是相对压力,故相对压力也称为表压力。当绝对压力低于大气压时,习惯上称为具有真空,而绝对压力不足于大气压力的那部分压力值,称为真空度。绝对压力、相对压力与真空度的关系如图1-7所示。其中真空度可以用负值表示,最大值不超过一个大气压。由于作用于物体上的大气压力,一般是自成平衡的,因而在进行各种力的分析时,往往只考虑外力而不再考虑大气压力。

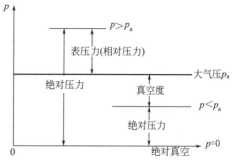

图1-7 绝对压力、相对压力、真空度的关系

3. 静压传递原理——帕斯卡原理

在密闭容器内,施加于静止液体上的压力将以等值同时传到各点,这就是静压传递原理或称帕斯卡原理。

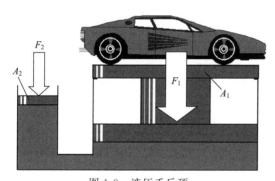

图1-8 液压千斤顶

图1-8所示是帕斯卡原理的应用实例——液压千斤顶。其中大液压缸、小液压缸的截面积为 A_1、A_2,活塞上作用的负载为 F_1、F_2。两缸互相连通构成密闭容器,由帕斯卡原理,缸内压力处处相等,$p_1 = p_2$,于是

$$F_2 = \frac{A_2}{A_1} F_1 \qquad (1\text{-}3)$$

由式(1-3)可以看出:

① 只要 A_2 足够大,A_1 足够小,则比值 A_2/A_1 就会足够大,此时就是 F_1 很小,也会在大活塞上产生较大的推力 F_2,克服重物(负载)做功。

② 如果大液压缸的活塞上没有负载,并略去活塞重量及其他阻力,不论怎样推动小液压缸的活塞,也不能在液体中形成压力。这说明液压系统中的压力是由外界负载决定的。

4. 液体作用在固体壁面上的力

液体和固体壁面接触时,固体壁面将受到液体静压力的作用。

(1) 作用在平面上的静压力

当固体壁面为一平面时,液体压力在该平面上的总作用力 F 等于液体压力 p 与该平面面积 A 的乘积,其作用方向与该平面垂直,即 $F = pA$。

如图1-9(a)所示的液压缸,压力 p 作用在活塞(面积为 A)上的力 F 为

$$F = pA = (\pi D^2/4)p \qquad (1\text{-}4)$$

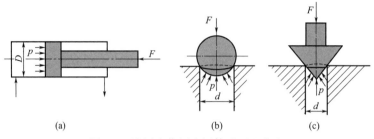

（a）   （b）   （c）

图 1-9　液压力作用在固体壁面上的力

（2）作用在曲面上的静压力

当固体壁面为一曲面时，液体压力在该曲面某 x 方向上的总作用力 F_x 等于液体压力 p 与曲面在该方向投影面积 A_x 的乘积，即 $F_x = pA_x$。

如图 1-9（b）所示球面和图 1-9（c）所示圆锥面，液压力 p 沿垂直方向作用在球面和圆锥面底部面积上的力 F，等于液压力作用于该部分曲面在垂直方向的投影面积 A 与液压力 p 的乘积，其作用点通过投影圆的圆心，其方向向上，即

$$F = pA = p(\pi d^2/4) \tag{1-5}$$

二、液体动力学基础

由于液压系统工作时油液总是在不断地流动，因此除了研究静止液体的基本力学规律外，还必须讨论液体在外力作用下流动时的运动规律，即研究液体流动时流速和压力的变化规律。

1. 基本概念

（1）理想液体和恒定流动

理想液体是一种假想的，既无黏性、又不可压缩的液体。实际液体既有黏性又可压缩。

液体流动时，若液体中任一点处的压力、流速和密度都不随时间而变化，则这种流动就称为恒定流动；反之，只要压力、流速和密度中有一个参数随时间而变化，则称为非恒定流动。

（2）流量和平均流速

通流截面——液体在管道中流动时其垂直于流动方向的截面。

流量——单位时间内流过某一通流截面的液体体积称为流量，用 Q 表示，即

$$Q = \frac{V}{t} \tag{1-6}$$

流量的单位为 m^3/s 或 L/min。

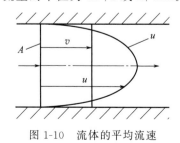

图 1-10　流体的平均流速

（3）平均流速

液体流动时，由于黏性的作用，使得同一截面上各点的流速不同，分布规律较为复杂，如图 1-10 所示，现假设通流截面上各点的流速均匀分布，液体以此平均流速 v 流过通流截面，则

$$v = \frac{Q}{A} \tag{1-7}$$

2. 流动液体的质量守恒定律——连续性方程

与自然界的其他物质一样，液体在流动中也是遵循质量守恒定律的，即其质量不会自行产生和消失。在流体力学中，这个规律是用连续性方程的数学形式来表达的，即单位时间流过管路或流管的任一有效断面的液体质量为常数。如图 1-11（a）所示，在液体作恒定流动的流场中任取一流管，在一微小流束内的 A_1 和 A_2 两微小通流截面上，根据质量守恒定律有

$$\rho_1 u_1 \mathrm{d}A_1 = \rho_2 u_2 \mathrm{d}A_2 \tag{1-8}$$

式中　ρ——液体的密度，$\mathrm{kg/m^3}$；

A_1,A_2——过流截面面积，$\mathrm{m^2}$；

u_1,u_2——过流截面上的流速，$\mathrm{m/s}$。

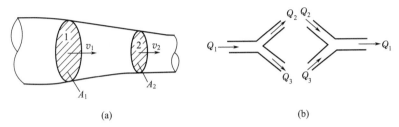

(a)　　　　　　　　　　　　　(b)

图 1-11　液流的连续性简图

如果忽略液体的可压缩性，即 $\rho_1 = \rho_2$，则有

$$u_1 \mathrm{d}A_1 = u_2 \mathrm{d}A_2 \tag{1-9}$$

对式（1-9）进行积分，便得到经过整个流管的流量

$$\int_{A_1} u_1 \mathrm{d}A_1 = \int_{A_2} u_2 \mathrm{d}A_2 \tag{1-10}$$

如果用平均流速来表示，则有

$$v_1 A_1 = v_2 A_2 \tag{1-11}$$

式（1-11）表明通过流管内任一过流截面上的流量相等，则液流的流量连续方程也可表示为

$$v_1 A_1 = v_2 A_2 = vA = Q = \mathrm{const} \tag{1-12}$$

其物理意义是，在稳定流动的情况下，当不考虑液体的压缩性时，通过管道各过流截面的流量都相等。

据此，可以得到两点推论。

① 由式（1-11），有

$$\frac{v_1}{v_2} = \frac{A_2}{A_1} \tag{1-13}$$

即液体的流速与其过流截面面积成反比。当流量一定时，管子细的地方流速大；管子粗的地方流速小。

② 在具有分支的管路中，有 $Q_1 = Q_2 + Q_3$ 的关系，如图 1-11(b) 所示。

3. 流动液体的能量守恒定律——伯努利方程

（1）理想液体的伯努利方程

伯努利方程是能量守恒定律在流动液体中的表现形式。在理想液体稳定流动时，具有三

种能量：液压能、动能、势能。按照能量守恒定律，在各个截面处的总能量是相等的。取一流束，截面 A_1，流速为 v_1，压力为 p_1，位置高度为 h_1；截面 A_2，流速为 v_2，压力为 p_2，位置高度为 h_2，如图 1-12 所示。

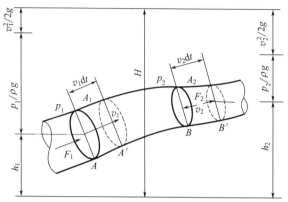

图 1-12　理想液体伯努利方程推导示意图

按能量守恒定律得到理想液体的伯努利方程为

$$p_1 + \rho g h_1 + \frac{1}{2}\rho v_1^2 = p_2 + \rho g h_2 + \frac{1}{2}\rho v_2^2 \tag{1-14}$$

（2）实际液体的伯努利方程

实际液体，由于在流动中存在内摩擦阻力，会消耗一部分能量（用 h_w 表示）。此外，在推导理想液体能量平衡方程时，是任取管道内一微小流束，认为通流截面上的流速相等，而实际管道内通流截面上各点的流速是不相等的。因此需考虑一个因流速不均匀而引起的修正系数 α。由理论推导和实验测定，对圆管来说，$1.1 < \alpha < 2$；紊流时，$\alpha = 1.1$；层流时 $\alpha = 2$。这样，实际液体的伯努利方程为

$$p_1 + \rho g h_1 + \frac{1}{2}\alpha_1 \rho v_1^2 = p_2 + \rho g h_2 + \frac{1}{2}\alpha_2 \rho v_2^2 + h_w \tag{1-15}$$

4. 动量方程

液流作用于固体壁面上的力用动量方程求解比较方便。动量定律指出：作用在物体上的力的大小等于物体在力作用方向上的动量的变化率，即

$$F = \frac{\mathrm{d}(mv)}{\mathrm{d}t} \tag{1-16}$$

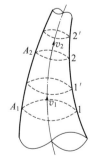

图 1-13　动量方程推导示意图

如图 1-13 所示，在液流管道中取出一段控制体积 12，经过时间间隔 $\mathrm{d}t$ 后，控制体积 12 移动到 $1'2'$ 位置。过流截面 1、2 处的平均流速分别为 v_1 和 v_2；面积分别为 A_1、A_2。控制体积从 12 流到 $1'2'$ 位置时，可以看成是一个质点系在运动，其动量变化为

$$
\begin{aligned}
\mathrm{d}(mv) &= \mathrm{d}(mv)_{1'2'} - \mathrm{d}(mv)_{12} = (mv)_{1'2} + (mv)_{22'} - (mv)_{11'} - (mv)_{1'2} \\
&= (mv)_{22'} - (mv)_{11'} = \rho Q(v_2 - v_1)\mathrm{d}t
\end{aligned}
\tag{1-17}
$$

联立式（1-16）和式（1-17），求解可得理想液体做恒定流动时的动量方程式

$$F = \rho Q(v_2 - v_1) \tag{1-18}$$

液体的真实动量与用平均流速计算出的动量之比叫动量修正系数，以 β 表示。考虑这一因素后，液体的动量方程式修正为

$$F = \rho Q(\beta_2 v_2 - \beta_1 v_1) \tag{1-19}$$

对于圆管中的层流流动，取 $\beta=1.33$；对于圆管中的紊流流动，取 $\beta=1$。

三、气体状态方程

1. 理想气体状态方程

所谓理想气体是指没有黏性的气体，当气体处于某一平衡状态时，气体的压力、温度和比体积之间的关系为

$$p\nu = RT$$

或者

$$pV = mRT \tag{1-20}$$

式中　p——气体的绝对压力，N/m^2；

ν——空气的比体积，m^3/kg；

R——气体常数，干空气 $R=287.1N \cdot m/(kg \cdot K)$，水蒸气 $R=462.05N \cdot m/(kg \cdot K)$；

T——空气的热力学温度，K；

m——空气的质量，kg；

V——气体的体积，m^3。

但由于实际气体具有黏性，因而严格地讲它并不完全依从理想气体方程式，随着压力和温度的变化，其 $p\nu/RT$ 并不是恒等于 1。当压力在 $0\sim10MPa$，温度在 $0\sim200℃$ 之间变化时，$p\nu/RT$ 的比值仍接近于 1，其误差小于 4%。在气动技术中，气体的工作压力一般在 2.0MPa 以下，因而此时将实际气体看成理想气体，引起的误差是相当小的。

2. 理想气体的状态变化过程

（1）等容过程（查理定律）

一定质量的气体，在状态变化过程中体积保持不变时，此过程称为等容过程，即

$$\frac{p_1}{T_1} = \frac{p_2}{T_2} = \text{const} \tag{1-21}$$

式(1-21) 表明，当体积不变时，压力的变化与温度的变化成正比；当压力上升时，气体的温度随之上升。

（2）等压过程（盖-吕萨克定律）

一定质量的气体，在状态变化过程中，当压力保持不变时，此过程称为等压过程，即

$$\frac{V_1}{T_1} = \frac{V_2}{T_2} = \text{const} \tag{1-22}$$

式(1-22) 表明，当压力不变时，温度上升，气体比体积增大（气体膨胀）；当温度下降时，气体比体积减小（气体被压缩）。

（3）等温过程（波意耳定律）

一定质量的气体，在其状态变化过程中，当温度不变时，此过程称为等温过程，即

$$p_1 V_1 = p_2 V_2 = \text{const} \tag{1-23}$$

式(1-23) 表明，在温度不变的条件下，当气体压力上升时，气体体积被压缩，比体积下降；当气体压力下降时，气体体积膨胀，比体积上升。

（4）绝热过程

一定质量的气体，在状态变化过程中，与外界完全无热量交换时，此过程称为绝热过程，即

$$p_1 V_1^k = p_2 V_2^k = \text{const} \tag{1-24}$$

式中　k——等熵指数，对于干空气 $k=1.4$，对饱和蒸汽 $k=1.3$。

根据式（1-20）和式（1-24）可得

$$\frac{T_1}{T_2} = \left(\frac{V_2}{V_1}\right)^{k-1} = \left(\frac{p_1}{p_2}\right)^{\frac{k-1}{k}} \tag{1-25}$$

式（1-24）和式（1-25）表明，在绝热过程中，气体状态变化与外界无热量交换，系统靠消耗本身的热力学能（旧称内能）对外做功。在气压传动中，快速动作可被认为是绝热过程。例如，压缩机的活塞在气缸中的运动是极快的，以致缸中气体的热量来不及与外界进行热交换，这个过程就被认为是绝热过程。在绝热过程中，气体温度的变化是很大的，例如空气压缩机压缩空气时，温度可高达 250℃，而快速排气时，温度可降至 -1000℃。

第四节　液压与气动系统的功率损失

实际液体在管道中流动时，因具有黏性而产生摩擦，故有能量损失。另外，液体在流动时会因管道尺寸或形状变化而产生撞击和旋涡，也会造成能量损失。在液压管路中能量损失表现为液体的压力损失，压力损失与管路中液体的流动状态有关。

一、液体的流态

1. 层流和湍流

实验结果表明，在层流时，液体质点互不干扰，液体的流动呈线性或层状，且平行于管道轴线；而在湍流时，液体质点的运动杂乱无章，除了平行于管道轴线的运动外，还存在着剧烈的横向运动，如图 1-14 所示。

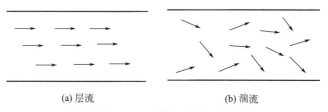

(a) 层流　　　　　　　　　　　　(b) 湍流

图 1-14　液体的流动状态

层流和湍流是两种不同性质的流态，层流时，液体流速较低，质点受黏性制约，不能随意运动，黏性力起主导作用；湍流时，液体流速较高，黏性的制约作用减弱，惯性力起主要作用。

2. 雷诺数

实验证明，液体在管道中流动时是层流还是湍流，可通过雷诺数 Re 来判断，即

$$Re = \frac{vd}{\nu} \tag{1-26}$$

式中　v——液体的平均流速；

ν——液体的运动黏度；

d——管道内径。

流动液体由层流转变为湍流时的雷诺数和由湍流转变为层流的雷诺数是不相同的。后者的数值小，所以一般都用后者作为判断液流状态的依据，称为临界雷诺数，以 $Re_{临}$ 表示。当液流的实际雷诺数 Re 小于 $Re_{临}$ 时，液流为层流；反之则为湍流，常见管道的临界雷诺数 $Re_{临}$ 可由实验测定，见表1-3。

表1-3 常见管道的临界雷诺数 $Re_{临}$

管道的形状	临界雷诺数 $Re_{临}$	管道的形状	临界雷诺数 $Re_{临}$
光滑的金属圆管	2320	有环槽的同心环状缝隙	700
橡胶软管	1600～2000	有环槽的偏心环状缝隙	400
光滑的同心环状缝隙	1100	圆柱形滑阀阀口	260
光滑的偏心环状缝隙	1000	锥阀阀口	20～100

二、液压管路的功率损失

1. 沿程压力损失

液体在等径直管中流动时因黏性摩擦而产生的压力损失，称为沿程压力损失。经理论推导和实验证明，沿程压力损失 Δp_λ 可用以下公式计算

$$\Delta p_\lambda = \lambda \frac{l}{d} \frac{\rho v^2}{2} \tag{1-27}$$

式中　l——油管长度；

　　　ρ——液体的密度；

　　　λ——沿程阻力系数，层流时，理论值为 $64/Re$，实际计算时，对金属管应取 $\lambda=75/Re$，橡胶管应取 $\lambda=80/Re$；湍流时计算沿程压力损失的公式与管壁的粗糙度有关，对于光滑管，$\lambda=0.3164Re^{-0.25}$；对于粗糙管，λ 的值要根据不同的 Re 值和管壁的粗糙程度，从有关资料的关系曲线中查取。

2. 局部压力损失

液体流经管道的弯头、接头、突变截面以及过滤网等局部装置时，会使液流的方向和大小发生剧烈的变化，形成旋涡，液体质点相互撞击而造成能量损失。这种能量损失表现为局部压力损失。局部压力损失 Δp_ξ 的计算公式为

$$\Delta p_\xi = \xi \frac{\rho v^2}{2} \tag{1-28}$$

式中，ξ 为局部阻力系数（具体数值可查有关手册）。

3. 总压力损失

管路系统的总压力损失等于所有的沿程压力损失和所有的局部压力损失之和，即

$$\Delta p_w = \sum \Delta p_\lambda + \sum \Delta p_\xi$$

三、薄壁小孔与阻尼孔

液压传动系统中，油液流经小孔和缝隙的情况较多，如液压系统中常用的节流阀、调速阀就是通过调节油液流经的小孔或缝隙的大小调节流量的；又如液压元件中有许多相对运动

表面，这些相对运动面间都有间隙，压力油通过这些间隙并泄漏，使液压系统的容积效率降低。

根据长径比，可将孔口分为三种：当小孔的长度 l、直径 d 的比值 $l/d \leqslant 0.5$ 时，称薄壁小孔；当 $l/d > 4$ 时，称为细长孔；当 $0.5 < l/d \leqslant 4$ 时，称为短孔。

尽管节流口的形状很多，但根据理论分析和试验，各种孔口的流量压力特性，均可用下列的通式表示

$$q = C_T A \Delta p^m \tag{1-29}$$

式中　q——通过小孔的流量；

　　　C_T——由孔口的形状、尺寸和液体性质决定的系数；

　　　A——节流口的通道截面积；

　　　m——由孔的长径比（通道长度 l 与孔径 d 之比）决定的指数，细长孔 $m=1$，薄壁孔 $m=0.5$，其他类型的孔 $m=0.5 \sim 1$。

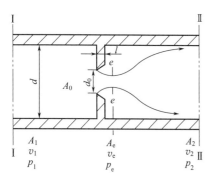

图 1-15　液体流经薄壁小孔模型

图 1-15 所示为液体在薄壁小孔中的流动。实际应用中，油液流经薄壁小孔时，流量受温度变化的影响较小，所以薄壁小孔常用作液压系统的节流元件，细长孔则常作为阻尼孔。

四、缝隙泄漏

液压元件内各零件间要保证相对运动，就必须有适当的间隙。间隙的大小对液压元件的性能影响极大，间隙太小，会使零件卡死，间隙过大，会造成泄漏，使系统效率和传动精度降低，同时还污染环境。

经研究和实践表明，流经固定平行平板间隙的流量（实际上即泄漏）要与间隙 h^3 成正比；而流经环状间隙（液压缸与活塞的间隙）的流量，不仅与径向间隙量有关，还随着圆环内外圆的偏心距的增大而增大。由此可见，液压元件的制造精度一般要求较高。

五、气穴现象和液压冲击

1. 气穴现象

液体在流动过程中，因某点处压力低于空气分离压而分离出气泡的现象，称为气穴现象。

液压油中总是含有一定量的空气。常温时，矿物型液压油在一个大气压下含有 $6\% \sim 12\%$ 的溶解空气。当压力低于液压油在该温度下的空气分离压时，溶于油中的空气就会迅速地从油中分离出来，产生大量气泡。

产生的大量气泡随着液流流到压力较高的部位时，因承受不了高压而破灭，产生局部的液压冲击，发出噪音并引起振动。附着在金属表面上的气泡破灭时，它所产生的局部高温和高压会使金属剥落，表面粗糙，或出现海绵状小洞穴，这种现象称为气蚀。

在液压系统中，当液流流到节流口或其他管道狭窄位置时，其流速会大大增加。由伯努利方程可知，这时该处的压力会降低，如果压力降低到其工作温度的空气分离压以下，就会出现气穴现象。例如液压泵的转速过高，吸油管直径太小或滤油器堵塞，都会使泵的吸油口处的压力降低到其工作温度的空气分离压以下，而产生气穴现象。这将使吸油不足，流量下

降，噪音激增，输出油的流量和压力剧烈波动，系统无法稳定的工作，甚至使泵的机件腐蚀，出现气蚀现象。

减小气穴现象的措施主要有以下两个方面。

① 正确设计液压泵的结构参数，适当加大吸油管的内径，限制吸油管中液流的速度，尽量避免管路急剧转弯或存在局部狭窄处，接头要有良好的密封，滤油器要及时清洗或更换滤芯以防堵塞，高压泵上应设置辅助泵向主泵的吸油口供应低压油的装置。

② 提高零件的机械强度，采用抗腐蚀能力强的金属材料，使零件加工的表面粗糙度降低等。

2. 液压冲击

在液压系统中，常常由于某些原因使液体压力突然急剧上升，形成很高的压力峰值，这种现象称为液压冲击。

在阀门突然关闭或液压缸快速制动等情况下，液体在系统中的流动会突然受阻。这时，由于液流的惯性作用，液体就从受阻端开始，迅速将动能逐层转换为压力能，因而产生了压力冲击波。然后，又从另一端开始，将压力能逐层转换为动能，液体又反向流动。此后，又再次将动能转换为压力能，如此反复地进行能量转换。由于这种压力波的迅速往复传播，便在系统内形成压力振荡。实际上，由于液体受到摩擦力，而且液体自身和管壁都有弹性，不断消耗能量，才使振荡过程逐渐衰减趋向稳定。

系统中出现液压冲击时，液体瞬时压力峰值可以比正常工作压力大好几倍。液压冲击会损坏密封装置、管道或液压元件，还会引起设备振动，产生很大噪音。有时，液压冲击使某些液压元件（如压力继电器、顺序阀等）产生误动作，影响系统正常工作，甚至造成事故。

减小液压冲击的措施主要有以下几方面。

① 延长阀门关闭时间和运动部件的制动时间。实践证明，运动部件的制动时间大于0.2s 时，液压冲击就可大为减轻。

② 限制管道中液体的流速和运动部件的运动速度。在装备液压系统中，管道中液体的流速一般应限制在 4.5m/s 以下，运动部件的运动速度一般不宜超过 10m/min。

③ 适当加大管道直径，尽量缩短管路长度。

④ 在液压元件中设置缓冲装置（如液压缸中的缓冲装置），或采用软管以增加管道的弹性。

⑤ 在液压系统中设置蓄能器或安全阀。

第五节　装备中的液压与气动技术

液压技术自 18 世纪末英国制成世界上第一台水压机算起，已有 200 多年的历史了，但其真正的发展应追溯至第二次世界大战期间，对大功率武器装备的迫切需求，刺激了液压技术的飞速发展，二战后，液压技术在军用、民用等各个领域，都成为不可或缺的组成部分。

气压传动技术在当今发展得更加迅速，气动技术的应用领域已从汽车、采矿、钢铁、机械等行业迅速扩展到化工、轻工、食品、军事工业等各行各业。

纵观液压与气动技术在世界各国武器装备中的应用，大致可归纳为：吊装系统、起竖系统、调平系统、液压舵机、液气悬挂装置、随动系统、刹车系统、收放系统、拖动系统等。

图 1-16 "蓝鳍金枪鱼"吊装系统

一、吊装系统

吊装系统是利用吊车或起重装备对关键大型、重型或精密设备的安装、就位的统称，因系统负载通常较大，传统伺服系统难以作业，因此多以液压作为驱动系统。如图 1-16 所示为美国海军测扫声呐设备"蓝鳍金枪鱼"吊装系统，系统工作负载达 750kg。除此之外常见的还有飞机的起吊、导弹装填等吊装系统。

二、起竖系统

起竖系统的主要功能是完成重物从水平状态到一定角度的状态的调整，在装备中常见于导弹发射领域，用于快速地将导弹从水平状态转为垂直或倾斜发射状态。目前国内外各类导弹质量多达吨级以上，因此起竖回路承受负载非常巨大，常以液压作为伺服驱动系统。如图 1-17 为美国著名的"爱国者"地对空导弹发射系统。

三、调平系统

调平系统广泛用于装备车辆中，顾名思义，在装备车辆作业前，通过调平系统保证汽车地盘或其他轴调为水平，是装备作业时安全可靠的保障。常以活塞缸作为液压支腿，通过液压回路保证各液压支腿伸出、缩回和任意位置停留的动作，多个支腿间相互配合，调节车辆达到水平基准，如图 1-18 所示。

图 1-17 "爱国者"地对空导弹发射系统

图 1-18 装备车辆调平液压支腿

四、液压舵机

以液压油为工作介质，能够使船舶转舵并保持舵位的装置称为液压舵机。根据动力源的不同方式，可分为手动、电动液压舵机。电动液压舵机工作可靠、操作方便、轻巧耐用、经济性高、维修管理方便，是船舶理想的操舵装置，如图 1-19 所示。

液压舵机作为飞行控制系统的执行机构，是机、电、液高度耦合的复杂系统，也是故障率较高

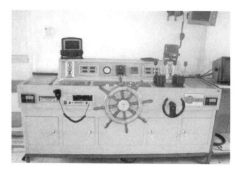

图 1-19 舰艇舵机系统

的环节。它的性能及可靠性直接影响着飞行控制系统乃至整个飞行器的性能及可靠性。随着飞行控制系统的发展，飞行控制系统的研究焦点将逐渐向舵机部分的研究转移。

五、液气悬挂装置

悬挂系统是指坦克车身和车轮之间的弹簧和减震器组成的整个支撑系统，可以改善乘坐的感觉。坦克用液气悬挂装置（图1-20）是为防止由地形、车载武器射击引起的车体振动，而把弹性元件和减振元件配合起来，被动地吸收振动和冲击的装置。坦克的行动装置每侧各有6个负重轮，如图1-21所示。采用液气悬挂可使用坦克前后倾斜，通过调节车体俯仰角，来调节主炮的高低射界。此外，液气悬挂的使用也提高了车辆行驶性能，负重轮行程高达500km，可以较高的车速（40km/h）在起伏地上行驶。调节车体后可越过1m高的垂直障碍。采用伸缩性液气弹簧悬挂装置，水上行驶时可回缩至紧贴车体位置，以此来减少滑行阻力，弹出后又便于陆上行驶。

图1-20 液气悬挂装置

图1-21 M1艾布拉姆斯主战坦克

习　题

1. 何谓液压传动、气压传动？液压传动有哪两个工作特性？

2. 液压传动的基本组成部分是什么？试举例说明各组成部分的作用。

3. 液压与气动技术有哪些主要优缺点？

4. 何谓液体的黏性？黏性的实质是什么？黏性的表示方法如何？

5. 压力的定义是什么？压力有几种表示方法？相互间的关系如何？

6. 阐述帕斯卡定律，举例说明其应用。

7. 伯努利方程式的物理意义是什么？其理论式与实际式有何区别？

8. 什么是液体的层流与湍流？二者的区别及判别方法如何？

9. 液压冲击和空穴现象是怎样产生的？如何防止？

10. 选用装备液压油时应考虑哪些主要因素？

第二章 装备液压动力元件

装备液压系统以液压泵作为向系统提供一定流量和压力的液压油的动力元件，它将原动机（电动机和内燃机）输出的机械能转换为工作液压油的压力能，是一种能量转换装置。液压泵性能的好坏将直接影响液压系统工作的可靠性与稳定性。本章主要学习装备常用液压泵的工作原理、使用维护等相关知识。

第一节 容积式液压泵概述

一、液压泵的工作原理及特点

依靠密封容积变化的原理进行工作的液压泵，统称为容积式液压泵。以单柱塞液压泵为例，工作原理如图 2-1 所示。图中柱塞 2 依靠弹簧 3 紧压在凸轮 1 上，凸轮 1 的旋转使柱塞 2 做往复运动。当柱塞 2 向右运动时，它和缸体 7 所围成的油腔 4（密封工作腔）的容积由小变大，形成局部真空，油箱中的油液便在大气压的作用下，经吸油管顶开单向阀 5 进入油腔 4，实现了吸油；当柱塞 2 向左移动时，油腔 4 的容积由大变小，其中的油液受到挤压，当油液压力大于等于单向阀 6 的弹簧力时，便顶开单向阀 6 流入系统中，实现了压油。凸轮不断地旋转，泵就不断地吸油和压油。这种泵的输油能力（输出流量的大小）是由密封工作腔的数目、容积变化的大小及容积变化的快慢决定的。

从液压泵的工作原理可以看出，液压泵正常工作必备的条件是：

① 必须构成密封容积。

② 密封容积能交替不断变化。

③ 要有配流装置，其作用是保证密封容积在吸油过程中与油箱相通，同时关闭供油通路；压油时与供油管路相通而与油箱切断。图 2-1 中单向阀 5 和 6 是保证液压泵正常吸油和压油的配流装置。配流装置随着泵的结构不同而有不同的形式。吸油过程中油箱必须和大气相通。

二、容积式液压泵种类和图形符号

容积式液压泵的种类：按泵的结构分为齿轮泵、叶片泵、柱塞泵、螺杆泵等；按泵的输出流量能否调节分为定量泵、变量泵等；按泵的额定压力的高低分为低压泵、中压泵、高压泵等。液压泵的图形符号见表 2-1。

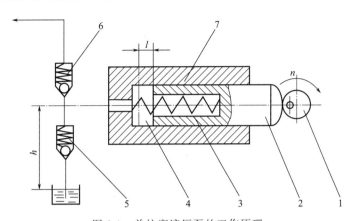

图 2-1　单柱塞液压泵的工作原理

1—凸轮；2—柱塞；3—弹簧；4—油腔；5,6—单向阀；7—缸体

表 2-1　液压泵的图形符号

类型	单向定量泵	双向定量泵	单向变量泵	双向变量泵
液压泵				

三、液压泵的性能参数

1. 压力

① 工作压力 p_p：液压泵实际工作时的输出压力，即泵出口处的压力。在实际工作中，液压泵的压力是随负载的大小和排油管路上的压力损失而变化的。

② 额定压力 p_n：在正常工作条件下，液压泵按试验标准规定连续运转的最高压力。

③ 最高允许压力：按试验标准规定，液压泵允许短暂超过额定压力运行的最高压力。

由于液压传动系统的应用场合不同，其所需的压力也不同。为了便于液压元件的设计、生产和使用，将压力分为几个等级，如表 2-2 所示。随着科学技术的不断发展和人们对液压传动系统要求的不断提高，压力分级也在不断地变化，压力分级的原则也不是一成不变的。

表 2-2　压力分级表

压力分级	低压	中压	中高压	高压	超高压
压力/MPa	≤2.5	2.5~8	8~16	16~32	>32

2. 排量与流量

① 排量 V_p：泵的排量是指在无泄漏的情况下，泵每转一转所排出的油液体积。它决定于泵的密封工作容积的几何尺寸，又称为几何排量，简称排量。排量常用的单位为 mL/r。

② 理论流量 Q_{tp}：泵的理论流量是指泵在无泄漏的情况下，单位时间内输出的油液体积，它等于泵的排量与其转速的乘积，即

$$Q_{tp} = V_p n_p \tag{2-1}$$

③ 实际流量 Q_p：泵的实际流量是指泵工作时的输出流量，它小于理论流量，因为泵的各密封间隙有泄漏（Q_{lp}），故

$$Q_p = Q_{tp} - Q_{lp} \tag{2-2}$$

泵的泄漏除了与密封间隙、油的黏度有关外，还与泵的输出压力有关，压力升高，泄漏量增加，泵的实际流量减小。因此可得出如下结论：泵的理论流量与泵的输出压力无关，而泵的实际流量与泵的输出压力有关。

泵的实际流量还与泵的转速有关。当泵的转速增加时，泵的实际流量也随之增加，成正比关系。

④ 额定流量 Q_{np}：泵的额定流量是指在额定转速和额定压力下的实际输出流量。

3. 功率与效率

液压泵由电机驱动，它的输入量是转矩和转速（角速度），输出量是液体的流量和压力。如果不考虑液压泵在能量转换过程中的能量损失，其输出功率应等于输入功率，即其理论功率是

$$P_{tp} = p_p Q_{tp} = T_{tp} \Omega_p \tag{2-3}$$

式中　T_{tp}——液压泵的理论转矩；

　　　　Ω_p——液压泵的角速度。

实际上，液压泵在能量转换过程中是存在能量损失的，其输出功率小于输入功率。液压泵的功率损失可分为容积损失和机械损失两部分。液压泵的理论流量 Q_{tp} 与实际流量 Q_p 的差值称为液压泵的容积损失（即泵的泄漏量），即式(2-2)中 Q_{lp}，产生容积损失的主要原因是液压泵的泄漏（内漏）。

液压泵的容积损失，即泄漏量，与负载压力（或泵的输出油压力）p_p 成正比，即

$$Q_{lp} = k_1 p_p \tag{2-4}$$

式中　k_1——泄漏系数。

液压泵的泄漏量随着压力增加而增加，而液压泵的实际流量却随之而减少。液压泵的实际流量与其理论流量之比值称为液压泵的容积效率，并用符号 η_{Vp} 表示。即

$$\eta_{Vp} = \frac{Q_p}{Q_{tp}} = \frac{Q_{tp} - Q_{lp}}{Q_{tp}} = 1 - \frac{Q_{lp}}{Q_{tp}} = 1 - \frac{k_1 p_p}{V_p n_p} \tag{2-5}$$

式(2-5)表明：液压泵的输出压力越高、泄漏系数越大（油液黏度越低）或液压泵的排量越小、转速越低，泵的容积效率则越低。

液压泵的泄漏量、流量、效率与压力的关系如图 2-2 所示。

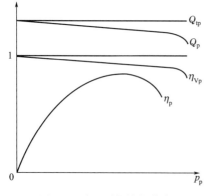

图 2-2　液压泵的特性曲线

液压泵理论上需要输入的转矩 T_{tp} 和实际输入转矩 T_p 之差称为泵的机械损失，产生机械损失的原因是摩擦造成的转矩损失。液压泵的实际输入转矩总是大于其理论输入转矩的，若用 T_1 表示泵的机械损失，则有

$$T_1 = T_p - T_{tp} \tag{2-6}$$

液压泵的理论转矩与其实际输入转矩之比值称为泵的机械效率 η_{mp}，即

$$\eta_{mp} = \frac{T_{tp}}{T_p} = \frac{T_{tp}}{T_{tp} + T_1} = \frac{1}{1 + T_1/T_{tp}} \tag{2-7}$$

液压泵的输出功率为

$$P_{op} = p_p Q_p \tag{2-8}$$

若压力 p_p 以 Pa 代入，流量 Q_p 以 m^3/s 代入，则上式的功率单位为 W（瓦：$N \cdot m/s$）；若压力以 MPa 代入，流量以 L/min 代入，则输出功率可用下式计算

$$P_{op} = p_p Q_p / 60 (kW) \tag{2-9}$$

液压泵的输入功率为

$$P_{ip} = T_p \Omega_p = T_p 2\pi n_p \tag{2-10}$$

式中 n_p——液压泵单位时间的转速。

液压泵的总效率 η_p 是泵的输出功率与输入功率的比值，由式(2-10) 可得

$$\eta_p = \frac{P_{op}}{P_{ip}} = \eta_{Vp} \eta_{mp} \tag{2-11}$$

第二节　齿轮泵

齿轮泵是液压系统中广泛应用的一种液压泵，种类很多，按工作压力大致可分为低压齿轮泵（$p \leqslant 2.5$MPa）、中压齿轮泵（$p > 2.5 \sim 8$MPa）、中高压齿轮泵（$p > 8 \sim 16$MPa）和高压齿轮泵（$p > 16 \sim 32$MPa）四种，目前国内生产和应用较多的是低压、中压和中高压齿轮泵，高压齿轮泵正处在发展和研制阶段；依据齿轮啮合形式不同分为外啮合齿轮泵和内啮合齿轮泵等。

一、外啮合齿轮泵

1. 工作原理

外啮合齿轮泵一般由一对齿数相同的齿轮、传动轴、轴承、端盖和壳体等组成，如图 2-3 所示。齿轮两端面靠端盖密封，壳体、端盖和齿轮各个齿间槽这三者形成密封的工作空间，当齿轮按图 2-3 所示的方向旋转时，右侧吸油腔的轮齿逐渐分离，工作空间的容积逐渐增大，形成部分真空，因此油箱中油液在外界大气压力的作用下，经吸油管进入吸油腔。吸入到齿间的油液在密封的工作空间中随齿轮旋转带到左侧压油腔。因左侧的轮齿逐渐啮合，工作空间的容积逐渐减少，所以齿间的油液被挤出，从压油腔输送到压力管路中去。

随着齿轮的旋转，轮齿依次地进入啮合，吸油腔周期性地由小变大，压油腔也周期性地由大变小，于是齿轮泵就能不断地吸入油液和压出油液。

齿轮泵的吸油腔和压油腔是分别独立的，所以齿轮泵不需要配流机构，故其结构简单。因为通过调节齿轮泵的结构参数来改

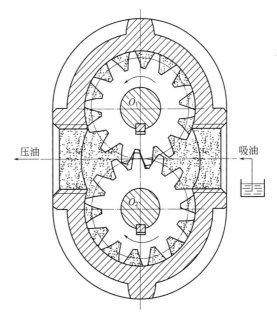

图 2-3　外啮合齿轮泵工作原理图

变其排量是比较困难的，所以齿轮泵只能作为定量泵使用。

2. 排量和流量计算

根据齿轮泵的工作原理，齿轮泵轴转一转，两个齿轮排出油液的体积应是两个齿轮齿间槽容积之和，如果近似地认为齿间槽容积与轮齿体积相等，则当齿轮齿数为 Z，节圆直径为 D，齿高为 h，模数为 m，齿宽为 b 时，齿轮泵的排量为

$$V = \pi Dhb = 2\pi Zm^2 b \qquad (2\text{-}12)$$

考虑到齿间槽容积实际上比轮齿体积稍大，齿数少时大得更多，所以将 2π 取为 6.66，于是

$$V = 6.66 Zm^2 b \qquad (2\text{-}13)$$

齿轮泵的实际输出流量为

$$Q = Vn\eta_V = 6.66 Zm^2 bn\eta_V \qquad (2\text{-}14)$$

式中　　n——齿轮泵的转速，r/min；

　　　　η_V——齿轮泵的容积效率。

式(2-14) 表示的是齿轮泵的平均流量。实际中，一对轮齿在相互啮合过程中，其啮合点的位置是不断变化的（啮合点至节点的距离是瞬时变化的），因此，齿轮泵压油腔体积的

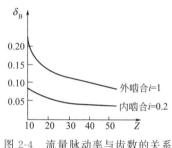

图 2-4　流量脉动率与齿数的关系

瞬时变化率是不均匀的，即泵的瞬时输出流量具有脉动性。设其最大瞬时输出流量为 Q_{max}，最小瞬时输出流量为 Q_{min}，则流量脉动率 δ_B 为

$$\delta_B = \frac{Q_{max} - Q_{min}}{Q} \times 100\% \qquad (2\text{-}15)$$

δ_B 越大，瞬时输出流量脉动越严重。齿轮泵的流量脉动率与齿轮泵的齿数有关，齿数越少，脉动率越大，如图 2-4 所示。泵流量的脉动将引起压力脉动，它将影响液压系统的工作平稳性。流量脉动又是引起泵噪音的主要原因之一。

3. 齿轮泵的常见问题

（1）困油现象

为保证齿轮啮合运转的平稳性，要求齿轮的重叠（啮合）系数 ε 必须大于1，即在前一对轮齿完全退出啮合之前，后面一对轮齿已进入啮合。因而在两对轮齿同时啮合的这段时间内，两对轮齿的啮合点之间形成一个单独的密封容积，如图 2-5（a）所示。当齿轮继续旋转时，这个密封容积逐渐减小，直到两啮合点 A、B 处于节点两侧的对称位置时，如图 2-5（b）所示，密封容积减至最小。由于油液的可压缩性很小，当密封容积减小时，被困的油受挤压，压力急剧上升，并从零件接合面的间隙中强行挤出，使齿轮和轴承受到很大的径向力，从而引起振动和噪音。当齿轮继续旋转时，这个密封容积又逐渐增大，当齿轮转到图 2-5（c）所示的位置时，密封容积最大，于是产生部分真空，外面的油液不能进入，上述

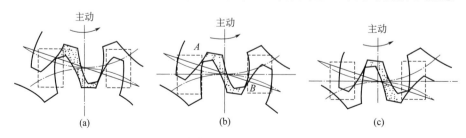

图 2-5　齿轮泵的困油现象及其消除

现象称为齿轮泵的困油现象。

消除困油现象的措施：通常是在前、后端面上各铣两个卸荷槽，如图 2-5 中的虚线所示。两卸荷槽之间的距离，必须保证在任何时候都不能使吸油腔和压力腔互相连通；而又要使密封容积在缩小时，通过右边卸荷槽与压力腔相通；密封容积增大时，通过左边卸荷槽与吸油腔相通，这样就基本上消除了困油现象。

（2）泄漏问题

液压泵中的油液总是从高压向低压处泄漏，同时组成密封工作容积的零件做相对运动也增加了泄漏，泄漏将影响液压泵的性能。外啮合齿轮泵中的油液从高压腔向低压腔泄漏主要有三条途径。

① 端盖与齿轮端面间的轴向间隙泄漏。齿轮端面与前后盖之间端面间隙的泄漏路程短，泄漏面积大，因此其泄漏量最大，占总泄漏量的 70%～80%。

② 泵体内表面与齿轮齿顶圆间的径向间隙泄漏。由于齿轮转动方向与泄漏方向相反，压油腔到吸油腔通道较长，因此其泄漏量相对较小，占总泄漏量的 10%～15%。

③ 齿轮啮合线处的齿面间隙泄漏。由于齿形误差会造成沿齿宽方向接触不良而产生间隙，使压油腔与吸油腔之间造成泄漏，这部分泄漏量较少。

综上可知，外啮合齿轮泵由于泄漏量较大，其额定工作压力不高。要想提高齿轮泵的额定压力并保证较高的容积效率，首先要减少沿端面间的泄漏流量。解决这一问题的关键是要保证齿轮泵有一较为合理的轴向间隙。轴向间隙过小，将增加机械摩擦，机械效率下降，同时随着时间推移，由于端面磨损而增大的间隙不能补偿，容积效率又很快下降，压力仍不能提高；轴向间隙过大，直接导致泄漏增大。为此，在设计和制造时除严格控制轴向间隙外，在中、高压外啮合齿轮泵中常采用浮动轴套或浮动侧板以实现轴向间隙的自动补偿。

（3）径向受力不平衡

在齿轮泵中，作用在齿轮外圆上的压力是不相等的，在压油腔和吸油腔处，齿轮外圆和齿廓表面承受着工作压力和吸油腔压力，在齿轮和壳体内孔的径向间隙中，可以认为压力是由压油腔压力逐渐下降到吸油腔压力，这些液体压力综合作用的结果相当于给齿轮一个径向的作用力（即不平衡力），使齿轮和轴承受载。工作压力越大，径向不平衡力就越大。径向不平衡力很大时能使轴弯曲，齿顶与壳体产生接触，同时加速轴承的磨损，降低轴承的寿命。

为了减小径向不平衡液压力的影响，一般采用以下方法。

① 缩小压油口的直径，使压力油仅作用在一个齿到两个齿的范围内，这样压力油作用于齿轮上的面积减少，从而减小作用于轴承上的径向力，径向不平衡力得到缓解。

② 增大高压区（低压区）泵体内表面与齿轮齿顶圆的间隙，只保留靠近吸油腔（压油腔）的一两个齿起密封作用，而大部分圆周的压力等于压油腔（吸油腔）的压力，于是对称区域的径向力得到平衡，减小了作用在轴承上的不平衡径

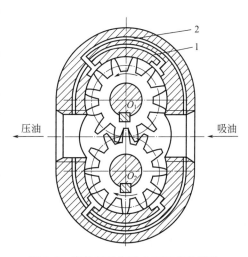

图 2-6　齿轮泵径向受力不平衡的消除

向力。

③ 开压力平衡槽，如图2-6所示。开两个压力平衡槽1和2，分别与低、高压油腔相通，这样吸油腔与压油腔相对应的径向力得到平衡，使作用在轴承上的径向力明显减小。

需要指出的是，上述②、③两种平衡径向力的方案均会导致齿轮泵径向间隙密封长度缩短，径向间隙泄漏增加。因此，对高压齿轮泵，平衡液压径向力必须与提高容积效率同时兼顾。

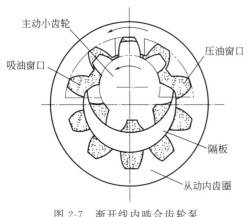

图 2-7　渐开线内啮合齿轮泵

二、内啮合齿轮泵

内啮合齿轮泵有渐开线齿形和摆线齿形两种，其工作原理见图2-7。当小齿轮按图2-7所示方向旋转时，轮齿退出，啮合容积增大而吸油；轮齿进入，啮合容积减小而压油。在渐开线内啮合齿轮泵腔中，小齿轮和内齿轮之间要装一块月牙隔板，以便把吸油腔和压油腔隔开。摆线内啮合齿轮泵又称摆线转子泵，由于小齿轮和内齿轮相差一齿，因而不需设置隔板。

内啮合齿轮泵具有结构紧凑、体积小、重量轻、使用寿命长、压力脉动和噪音较小等优点，在高转速下工作有较高的容积效率。其缺点是制造工艺复杂，价格较贵。现在采用粉末冶金工艺压制成形，成本有所降低，应用得到了一定的发展。

第三节　叶片泵

叶片泵具有结构紧凑、体积小、瞬时流量脉动小、运转平稳、噪音小、寿命长等优点。但也存在着结构复杂、吸油性能较差、对油液污染比较敏感等缺点。叶片泵在机床液压系统中应用广泛。

按叶片泵输出流量是否可变，可分为定量叶片泵和变量叶片泵；按每转吸、压油次数和轴、轴承等零件所受径向液压力，又可分为单作用式叶片泵（变量叶片泵）和双作用叶片泵（定量叶片泵）。

一、双作用式叶片泵

1. 结构及工作原理

图2-8所示为双作用式叶片泵工作原理图。它主要由定子、转子、叶片、配油盘、传动轴和泵体组成。定子内表面由四段圆弧和四段过渡曲线组成，形似椭圆，且定子和转子是同心安装的，泵的供油流量无法调节，所以属于定量泵。

转子旋转时，叶片靠离心力和根部油压作用，伸出并紧贴在定子的内表面上，两叶片之间和转子的外圆柱面、定子内表面及前后配油盘形成了若干个密封工作腔。

当图2-8中转子顺时针方向旋转时，密封工作腔的容积在左上角和右下角处逐渐增大，形成局部真空并吸油，成为吸油区；在右上角和左下角处逐渐减小而压油，成为压油区。吸油区和压油区之间有一段封油区把它们隔开，这种泵的转子每转一周，每个密封工作腔吸油、压油各两次，故称双作用叶片泵。

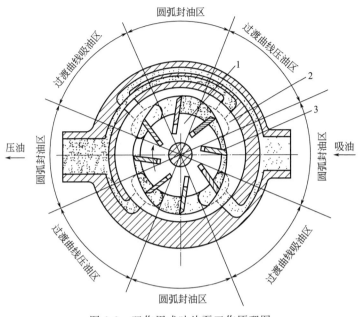

图 2-8　双作用式叶片泵工作原理图
1—转子；2—定子；3—叶片

泵的两个吸油区和两个压油区是径向对称的，因而作用在转子上的径向液压力平衡，所以又称为平衡式叶片泵。

2. 流量及排量计算

图 2-9 为双作用式叶片泵排量、流量计算简图。图中 R、r 分别为定子内表面圆弧部分的长、短半径，r_0 为转子半径；定子宽度用 B 表示。双作用式叶片泵的排量计算方法与单作用式叶片泵相同。由于转子每转一转，每个密封工作腔吸油和排油各两次，所以由图 2-9 可得

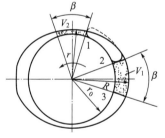

图 2-9　双作用式叶片泵
排量、流量计算简图

$$V_1 = \pi(R^2 - r_0^2)\frac{\beta}{2\pi}B$$

$$V_2 = \pi(r^2 - r_0^2)\frac{\beta}{2\pi}B$$

当不考虑叶片厚度时，叶片泵的排量为

$$q_p = 2\Delta VZ = 2(V_1 - V_2)Z = 2\pi(R^2 - r^2)B \tag{2-16}$$

由式(2-16) 可知，双作用式叶片泵的排量与定子内表面圆弧的长、短半径 R、r 以及定子宽度 B 有关，均为几何参数，不可改变。因此，双作用式叶片泵只能做定量泵使用。

二、单作用式叶片泵

1. 结构及工作原理

单作用式叶片泵工作原理如图 2-10 所示，它与双作用式叶片泵的主要差别在于它的定子是一个与转子偏心放置的内圆柱面，转子每转一周，每个密封工作腔吸油、压油各一次，

故称单作用式叶片泵。

泵只有一个吸油区和一个压油区、因而作用在转子上的径向液压力不平衡，所以又称为非平衡式叶片泵。

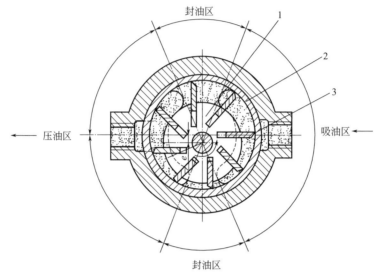

图 2-10　单作用式叶片泵工作原理图

1—转子；2—定子；3—叶片

2. 流量及排量计算

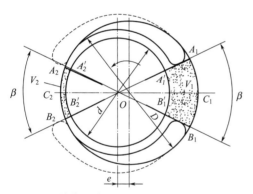

图 2-11　单作用式叶片泵排量、流量计算简图

图 2-11 是用来计算单作用式叶片泵的排量、流量简图。图中 V_1、V_2 分别是各密封工作腔在泵回转一周中的最大容积和最小容积，β 是相邻两个叶片间的夹角，e 是定子与转子的偏心距，D 为定子内径，d 为转子直径。定子亦即叶片宽度用 b 表示。

根据定义，排量为泵回转一周时，每个密封工作腔排出油液的体积与密封工作腔数目的乘积。每个工作腔排出油液的体积等于泵回转一周中，工作腔的最大容积与最小容积之差值，即 $V_1 - V_2 = \Delta V$。若设叶片数（即密封工作腔数）为 Z，则排量为

$$q_p = Z \Delta V = Z(V_1 - V_2)$$

由图 2-11 可知，最大容积 V_1 可近似等于扇形面积 OA_1B_1 与 $OA_1'B_1'$ 之差再乘以叶片宽度（这里近似地把 OC_1 看成是圆弧 A_1B_1 的半径）；最小容积 V_2 可以近似地等于扇形面积 OA_2B_2 与 $OA_2'B_2'$ 之差再乘以叶片的宽度（这里近似地把 OC_2 看成是圆弧 A_2B_2 的半径）。故有

$$V_1 = \pi \left[\left(\frac{D}{2} + e \right)^2 - \left(\frac{d}{2} \right)^2 \right] \frac{\beta}{2\pi} b$$

$$V_2 = \pi \left[\left(\frac{D}{2} - e \right)^2 - \left(\frac{d}{2} \right)^2 \right] \frac{\beta}{2\pi} b$$

由于 $\beta = 2\pi/Z$，故得单作用式叶片泵排量为

$$q_p = Z(V_1 - V_2) = 2\pi Deb \tag{2-17}$$

实际流量为

$$Q_p = 2\pi Debn_p \eta_{Vp} \tag{2-18}$$

由式（2-18）可知，叶片泵的流量 Q_p 是偏心量 e 的（一次）函数。对于某一单作用式叶片泵来说，D、b 是确定不变的，n_p 及 η_{Vp} 也基本是常数。这样，流量 Q_p 就唯一地取决于偏心量 e。因此，改变 e 就改变了泵的流量。这就是为什么单作用式叶片泵可作为变量泵。另外，由图 2-10 可知，当改变偏心量的方向（即把转子相对于定子的向下偏心改为向上偏心）时（转子回转方向不变），泵的吸油口（吸油区）、排油口（压油区）也相互改变。

三、限压式变量叶片泵

单作用叶片泵一般都做成变量泵，按其改变偏心距的方式不同，可分为手动变量叶片泵、限压式变量叶片泵和稳流式变量叶片泵等。限压式变量叶片泵又可分为内反馈和外反馈、定子移动式和定子摆动式两种。下面着重介绍装备液压系统中常用的限压式变量叶片泵。

1. 结构组成及其工作原理

图 2-12 为外反馈限压式变量叶片泵工作原理及结构简图。在定子的左侧作用有一弹簧 1（刚度为 K，预压缩量为 x_0）；右侧有一反馈柱塞 5（作用面积为 A），泵的出口压力油 p_p 常同反馈柱塞油室。现将作用在反馈柱塞上的液压力 $F = p_p A$ 与弹簧力 $F_t = Kx_0$ 相比较，可知有以下几种情况：当 $F < F_t$ 时，定子处于右极限位置，偏心距最大，即 $e = e_{max}$，泵输出最大流量；若泵的出口压力 p_p 因工作载荷增大而升高，导致 $F > F_t$ 时，定子将向偏心减小的方向移动，位移为 x，定子的位移一方面使泵的排量（流量）减小，另一方面使左侧的弹簧进一步受压缩，弹簧力增大为 $F_t = K(x_0 + x)$；当 $F = F_t$ 时，定子平衡在某一偏心（$e = e_{max} - x$）下工作，泵输出一定的流量。泵的出口压力越高，定子的偏心越小，泵输出的流量就越小。

2. 静特性曲线

所谓静特性曲线，即泵输出流量与压力的关系曲线。外反馈限压式变量叶片泵的静特性曲线如图 2-13 所示。

（1）曲线形状分析

结合工作原理，对曲线形状分析如下。

① 曲线 AB 段。在此段范围内，液压力 F 小于弹簧预紧力——$F < F_t$，泵的偏心距为初始最大值不变——$e = e_0 = e_{max} = \text{const}$，泵的流量也是最大值，并基本上也不变——$Q_p = Q_{max} = \text{const}$，曲线 AB 段近似水平。由于压力增加，泄漏增加，故曲线 AB 段随压力 p_p 增加略有下降。

② 拐点 B。在 B 点，液压力刚好等于弹簧预紧力：$F = F_t$，或 $p_b = F_t/A$（p_b 称为预调压力）。此时定子处于要动还没动的临界状态。

③ 曲线 BC 段。在此范围内，液压力大于弹簧预紧力——$F > F_t$，定子左移，偏心距 e 减少，泵的流量 Q_p 也减少。当工作压力高到接近于线段 BC 上的 C 点时（实际上不能达到 C 点），泵的流量已很小，这时因压力较高，泄漏也增多。当泵的流量只能全部用于弥补泄漏量时，泵实际向外输出流量已为零，这时泵的定子、转子之间维持一个很小的偏心距，偏心距不会再减少，泵的压力也不会继续升高，这就是曲线 BC 段中的点 C。

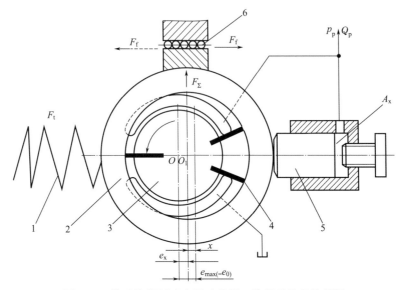

图 2-12 外反馈限压式变量叶片泵工作原理及结构简图

1—压力弹簧；2—定子；3—转子；4—叶片；5—反馈柱塞；6—滚针轴承

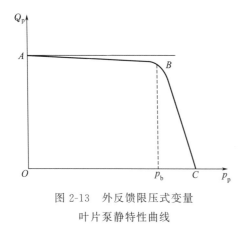

图 2-13 外反馈限压式变量
叶片泵静特性曲线

（2）影响曲线形状的因素

① 改变反馈柱塞的初始位置，可以改变初始偏心距的大小，从而改变泵的最大输出流量，即使曲线 AB 段上下平移。

② 改变压力弹簧的预紧力 F_t 的大小，可以改变压力 p_b（$p_b = F_t/A$）的大小，使曲线拐点 B 左、右平移。

③ 改变压力弹簧的刚度，可以改变曲线 BC 段的斜率。弹簧刚度增大，BC 段的斜率变小，曲线 BC 段趋向平缓。

掌握了限压式变量叶片泵的特性，可以很好地为实际工作服务。例如：在执行元件的空行程、非工作阶段，可使限压式变量叶片泵工作在曲线的 AB 段，这时泵输出流量最大、系统速度最高，从而提高了系统的效率；在执行元件的工作行程，可使泵工作在曲线的 BC 段，这时泵可以输出较高压力，并根据负载大小的变化自动调节输出流量的大小，以适应负载速度的要求。又如：调整反馈柱塞的初始位置，可以满足液压系统对流量大小不同的需要；调节压力弹簧的预紧力，可以适应负载大小不同的需要等。

由工作原理亦可知，若把压力弹簧撤掉，换上刚性挡块，或把压力弹簧"顶死"，限压式变量叶片泵就可以做定量泵使用。

第四节　柱塞泵

柱塞式液压泵简称柱塞泵，它是利用柱塞在其缸体柱塞孔内作往复运动时，所造成的密封工作容积的变化来实现吸油和排油的。由于柱塞和柱塞孔配合表面为圆柱形表面，通过加工可得到很高的配合精度，所以柱塞泵的泄漏小，容积效率高，一般都作为高压泵。同时，这种泵只要改变柱塞的工作行程就可以很方便地改变其流量，易于实现变量。因此，在高压、大流量、大功率的液压系统中和流量需要调节的场合，如飞机、舰艇等装备液压系统，得到了广泛应用。

根据柱塞分布方向的不同，柱塞泵（液压马达）可分为轴向柱塞泵和径向柱塞泵。轴向柱塞泵按其结构形式又可分为斜盘式和斜轴式两种。

一、轴向柱塞泵

1. 工作原理

图 2-14 为斜盘式（轴向）柱塞泵工作原理及结构简图。该泵主要由传动轴 1、斜盘 2、柱塞 3、缸体 4、配油盘 5 等零件组成。传动轴 1 和缸体 4 固连在一起，缸体上在直径为 D_p 的圆周上均匀地排列着若干个轴向孔，柱塞在孔内可以自由滑动。斜盘 2 的轴线与传动轴呈 δ_p 角（称为斜盘倾角）。柱塞靠机械装置（如弹簧等，图中未画出）或底部的低压油作用，使其球形端部紧压在斜盘上。当传动轴按着图示方向带动缸体一起回转时（斜盘和配油盘都不动），柱塞在其自下向上回转的半周内从缸体孔中逐渐向外伸出，柱塞密封工作腔（由柱塞端面与缸体内孔所围成的容腔）的容积不断扩大，形成部分真空，将液压油从油箱经油管、进油窗口 a 吸进来；柱塞在其自上而下回转的半周内又向缸体孔内逐渐缩回，使密封工作腔的容积不断减小，将油液从配油窗口 b 向外压出。缸体每转一周，每个柱塞就吸油、压油各一次；当缸体连续旋转时，就不断地输出压力油。

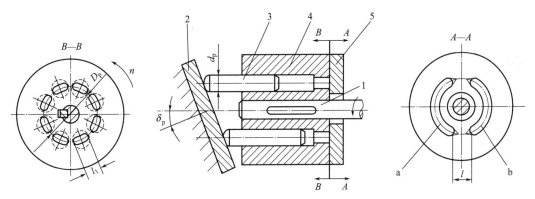

图 2-14　斜盘式（轴向）柱塞泵工作原理及结构简图
1—传动轴；2—斜盘；3—柱塞；4—缸体；5—配油盘

这种泵要求配油盘上的封油区宽度 l 与柱塞底部的通油口长度 l_1 不能相差太大，否则困油严重。为避免引起冲击和噪音，一般在油窗的近封油区处开有小三角槽卸载。

由图 2-14 可看出，改变斜盘倾角 δ_p，可改变柱塞往复行程的大小，因而也就改变了泵的排量；改变斜盘倾角的倾斜方向（泵的转向不变），可使泵的进、出油口互换，成为双向变量泵。

轴向柱塞泵的结构紧凑，径向尺寸小，重量轻，转动惯量小且易于实现变量，压力可以提得很高（可达到 40MPa 或更高），可在高压高速下工作并具有较高容积效率。不足的是该泵对油液污染十分敏感，一般需要精过滤。同时，它的自吸能量差，常需要由低压泵供油。

2. 排量和流量的计算

柱塞在缸体孔内的最大行程为 $l_p = D_p \tan\delta_p$，设柱塞数为 Z_p，柱塞直径为 d_p，则泵的排量 V_p 为

$$V_p = \frac{\pi}{4} d_p^2 l_p Z_p = \frac{\pi}{4} d_p^2 D_p Z_p \tan\delta_p \qquad (2\text{-}19)$$

平均输出流量为

$$Q_p = q_p n_p \eta_{V_p} = \frac{\pi}{4} d_p^2 D_p Z_p n_p \eta_{V_p} \tan\delta_p \qquad (2\text{-}20)$$

实际上，泵的输出流量是脉动的，当柱塞数为奇数时，脉动较小。因此一般常用的柱塞数视流量的大小，取 7、9 或 11 个。

二、径向柱塞泵

柱塞相对于传动轴轴线径向布置的柱塞泵称为径向柱塞泵。径向柱塞泵的工作原理是通过柱塞的径向位移改变柱塞封闭容积的大小进行进油和排油。

如图 2-15 所示为径向柱塞泵的工作原理图，配油轴上轴向钻有 4 个孔，a_1、a_2、b_1、b_2。a_1、a_2 左端接吸油管，b_1、b_2 左端接排油管。在配油轴和装有轴套的缸体配合处，轴上、下各开一缺口，如图 2-15 中断面所示。因配油轴是不转的，当原动机带动缸体 3（转子）顺时针方向转动时，柱塞在离心力和液压力作用下伸出，紧紧顶住定子 2 的内表面上。由于偏心距 e 的存在，转到上半周的柱塞逐渐伸出，柱塞底部的密封腔容积将逐渐增大，形成局部真空，油箱的油液即通过轴向孔 a_1、a_2，由轴套上孔道进入柱塞底部缸孔内。当柱塞转到下半周时，柱塞被定子内表面强迫压进缸孔，其容积逐渐减小，油液被挤压并通过轴套孔进入孔 b_1、b_2 而排出泵外。a_1、a_2 与 b_1、b_2 中间被隔开，分成吸油区和压油区。

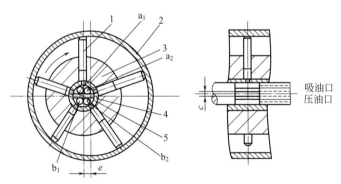

图 2-15　径向柱塞泵工作原理图

1—柱塞；2—定子；3—缸体；4—衬套；5—配油轴

泵的输出流量的大小与偏心距 e 有关。如果将偏心距 e 做成可调的，使定子能在水平方向移动以改变偏心距 e，就成为变量泵了。偏心距越大，输出流量也越大；偏心距为零，输出流量为零；偏心距方向改变，则泵的吸油和排油方向也互相变换。配油轴 5 与缸体 3 之间的配合间隙既不能过小，又不能过大。过小易造成咬死或磨伤，过大会引起严重泄漏。可见，这个配合间隙直接影响泵的工作压力和容积效率。配油轴上的上下缺口一边受高压，另一边受低压，使配油轴承受很大的单向负载。为此，配油轴一般都做得比较粗，以免变形过大。上下缺口的密封宽度应正好能遮住轴套上的油口。宽度过小，两缺口相接通而产生泄

漏；宽度过大，则易产生困油现象。

径向柱塞泵目前广泛用于船舶等需要高压的设备上。径向柱塞泵的性能稳定，耐冲击性好，工作可靠，寿命长；但结构复杂，外形尺寸和质量较大，故近年有逐渐被轴向柱塞泵代替的趋势。

第五节　装备中液压泵的选用

液压泵向液压系统提供一定流量和压力的油液，液压泵是每个液压系统不可缺少的核心元件，合理地选择液压泵对于降低液压系统的能耗、提高系统的效率、降低噪音、改善工作性能和保证系统的可靠工作都十分重要。

选择液压泵的原则是：根据主机工况、功率大小和对工作性能的要求，首先确定液压泵的类型，然后按系统所要求的压力、流量大小确定其规格型号。表2-3列出了液压系统中常用液压泵的主要性能。

一般从使用上看，上述三大类泵的优劣次序是柱塞泵、叶片泵和齿轮泵。从结构复杂程度、价格及抗污染能力等方面来看，齿轮泵为最好；而柱塞泵结构最复杂、价格最高，对油液的清洁度要求也最苛刻。

每种泵都有自己的特点和使用范围，使用时应根据具体工况，结合各类泵的性能、特点及适用场合，合理选择。一般在负载小、功率小的液压设备上，可用齿轮泵、双作用叶片泵；精度较高的机械设备上，可选用双作用叶片泵；在负载较大并有快速和慢速工作行程的机械设备上，可选用限压式变量叶片泵和双联叶片泵；在负载大、功率大的场合可选用柱塞泵。

表 2-3　液压系统中常用液压泵的主要性能

性能	外啮合齿轮泵	双作用式叶片泵	单作用式叶片泵	轴向柱塞泵	径向柱塞泵
工作压力/MPa	<20	6.3~21	≤7	10~20	20~35
转速/(r/min)	300~7000	500~4000	500~2000	600~6000	700~1800
容积效率	0.7~0.95	0.8~0.95	0.8~0.9	0.9~0.98	0.85~0.95
流量脉动	大	小	中	中	中
自吸特性	好	较差	较差	差	差
输出流量脉动	很大	很小	一般	一般	一般
噪音	大	小	较大	大	大
对油的污染敏感性	不敏感	较敏感	较敏感	很敏感	很敏感
寿命	较短	较长	较短	长	长

习　　题

1. 液压泵为什么可称为容积泵？液压泵正常工作的条件是什么？
2. 什么是液压泵的排量、理论流量和实际流量？它们的关系是什么？

3. 液压泵的工作压力取决于什么？泵的工作压力与额定压力有什么关系？

4. 某液压泵的输出油压力 $p=6\mathrm{MPa}$，排量 $V=100\mathrm{cm}^3/\mathrm{r}$，转速 $n=1450\mathrm{r/min}$，容积效率 $\eta_V=0.94$，总效率 $\eta=0.9$，求泵的输出功率和电动机的驱动功率。

5. 齿轮泵的径向不平衡力是如何产生的？有何危害？如何解决？

6. 齿轮泵的泄漏途径有几种？提高齿轮泵的压力受什么因素影响？怎样解决？

7. 单作用叶片泵怎样调节其每转排量？

8. 柱塞泵如何实现双向变量泵功能？

第三章　装备液压执行元件

液压缸和液压马达均是液压系统中的执行元件。从能量转换的角度看，它们都是油液压力能转变为机械能的能量转变装置，不同之处是，前者用于实现直线往复运动或摆动，而后者常用来实现连续的回转运动。

第一节　装备常见液压缸

液压缸是一种构造简单、工作可靠、自重轻、传动比大、传动效率高的液压元件，应用极为广泛。

液压缸按其作用方式，分为单作用式和双作用式两大类。单作用式液压缸只利用液压力推动活塞向着一个方向运动，而反向运动则依靠重力或弹簧力等实现。双作用式液压缸，其正、反两个方向的运动都依靠液压力来实现。

液压缸按不同的使用压力，又可分为中低压、中高压和高压液压缸。机床类机械一般采用中低压液压缸，其额定压力为 $2.5\sim6.3$MPa；对于要求体积小、重量轻、出力大的建筑车辆和飞机用液压缸，多数采用中高压液压缸，其额定压力为 $10\sim16$MPa；对于油压机一类机械，大多数采用高压液压缸，其额定压力为 $25\sim31.5$MPa。

液压缸按结构型式的不同，又有活塞式、柱塞式、摆动式、伸缩式等，其中以活塞式液压缸应用最多。

一、活塞式液压缸

活塞液压缸有双杆活塞缸和单杆活塞缸两种。

1. 双杆活塞缸

图 3-1 所示为双杆活塞式液压缸的工作原理图，活塞两侧都有活塞杆伸出，这种液压缸常用于要求往返运动速度和负载相同的场合。按其安装方式的不同，有固定缸式结构 [图 3-1(a)] 和活塞杆固定式结构 [图 3-1(b)] 两种。活塞直径为 D，两活塞杆直径相同，均为 d，供油压力 p_p 和流量 Q_p 不变，活塞式液压缸在两个方向上的运动速度（v_1，v_2）和推力（F_1，F_2）都相等，其表达式为

$$F_1=F_2=p_pA=\frac{\pi}{4}(D^2-d^2)p_p \tag{3-1}$$

$$v_1 = v_2 = \frac{Q_p}{A} = \frac{4Q_p}{\pi(D^2 - d^2)} \tag{3-2}$$

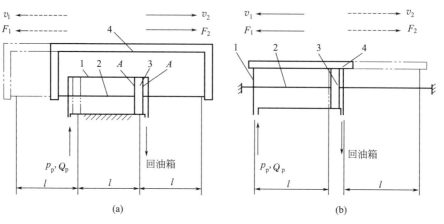

图 3-1　双杆活塞式液压缸工作原理图

1—缸筒；2—活塞杆；3—活塞；4—工作台

固定缸式结构：当液压缸的左腔进油时，推动活塞向右移动，液压缸右腔油液回油箱；反之，活塞反向运动。工作台的运动范围略大于液压缸有效长度的三倍，一般用于小型设备的液压系统。

活塞杆固定式结构：当液压缸左腔进油时，推动缸体向左移动，右腔回油；反之，当液压缸右腔进油时，缸体则向右运动。此种安装形式，工作台的运动范围是液压缸有效行程的两倍，常用于行程长的大、中型设备的液压系统。

2. 单杆活塞缸

单杆活塞缸也有固定缸式结构［图 3-2(a)］和活塞杆固定式结构［图 3-2(b)］两种安装方式。无论是哪一种，其工作台的最大活动范围都是活塞（或缸筒）有效行程 1～2 倍。因两腔的有效工作面积不相等，活塞双向运动可以获得不同的速度和推力。

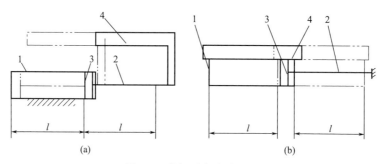

图 3-2　单杆活塞式液压缸

1—缸筒；2—活塞杆；3—活塞；4—工作台

（1）无杆腔进油

如图 3-3 所示，压力油进入无杆腔，压力为 p_p，推动活塞向右运动，速度为 v_1；回油从液压缸有杆腔流出，回油箱。则推力 F_1 为

$$F_1 = p_p A_1 = \frac{\pi}{4} D^2 p_p \tag{3-3}$$

若输入的油液流量为 Q_p，则速度为

$$v_1 = \frac{Q_p}{A_1} = \frac{Q_p}{\pi D^2/4} = \frac{4Q_p}{\pi D^2} \tag{3-4}$$

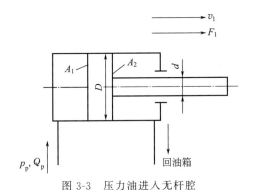

图 3-3　压力油进入无杆腔

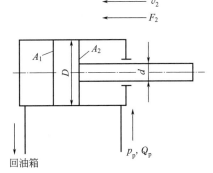

图 3-4　压力油进入有杆腔

（2）有杆腔进油

如图 3-4 所示，液压缸产生的推力 F_2 为

$$F_2 = p_p A_2 = \frac{\pi}{4}(D^2 - d^2)p_p \tag{3-5}$$

液压缸的速度为

$$v_2 = \frac{Q_p}{A_2} = \frac{4Q_p}{\pi(D^2 - d^2)} \tag{3-6}$$

（3）差动连接

单杆活塞式液压缸在其左、右两腔相互接通并输入压力油时，称之为"差动连接"，如图 3-5 所示，作差动连接的单杆活塞缸叫作差动液压缸。虽然差动连接时两腔的油压力相等，但活塞受压面积不同，有杆腔小，无杆腔大，所以两侧总液压力不能平衡，活塞杆要向外伸出。差动连接时，有杆腔排出的油并不返回油箱，而是又进入无杆腔，使无杆腔的输入流量增加，活塞运动速度加快。

不计容积损失时，差动连接缸活塞的伸出速度为

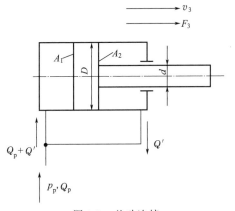

图 3-5　差动连接

$$v_3 = \frac{Q_p}{A_1 - A_2} = \frac{4Q_p}{\pi d^2} \tag{3-7}$$

液压缸此时产生的推力

$$F_3 = p_p A_1 - p_p A_2 = p_p(A_1 - A_2) = \frac{\pi}{4}d^2 p_1 \tag{3-8}$$

将 F_3 和 v_3 分别与 F_2、F_1 和 v_2、v_1 相比较便可看出，差动连接时速度提高了，即 $v_3 > v_2$，$v_3 > v_1$；而液压缸的推力则下降了，即 $F_3 < F_2$，$F_3 < F_1$。如果要求 $v_3 = v_2$ 时，

由式(3-7)、式(3-6) 可得：$D=\sqrt{2}\,d$ 或 $A_1=2A_2$。

单杆活塞式液压缸很容易通过换向阀转换成差动连接，获得快速外伸功能，这样就可以得到快伸、慢伸、快缩三种速度，扩大了缸的使用范围。单杆活塞缸广泛地应用于各种装备液压系统中。

二、柱塞式液压缸

单柱塞缸的工作原理如图 3-6(a) 所示。这种液压缸只能在液压作用力下实现单向运动，反向运动要依靠外力，垂直安装的柱塞缸，也可依靠柱塞等运动部件的自重进行反向运动。对水平安装的柱塞缸，为了获得往复运动，通常成对相向安装，如图 3-6(b) 所示。这样，通过液压作用力使一个柱塞伸出时，另一个柱塞被带回缸内，若液压作用力反向推动，则柱塞反向运动。

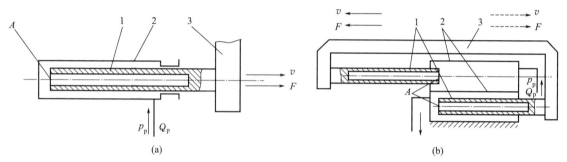

图 3-6　柱塞式液压缸
1—柱塞；2—缸筒；3—工作台

柱塞缸的输出力 F 和运动速度 v 为

$$F=p_p A=\frac{\pi d^2}{4} \tag{3-9}$$

$$v=\frac{Q_p}{A}=\frac{4Q_p}{\pi d^2} \tag{3-10}$$

式中　d——柱塞直径。

柱塞缸的主要特点是柱塞与缸筒无配合要求，因此缸筒内孔不需精加工，甚至在缸筒采用无缝钢管时可不加工，所以结构简单，制造容易，成本低廉，特别适合于行程较长的工作场合。当柱塞较大时，为节省材料、减轻质量，常将柱塞作成空心的。

三、摆动式液压缸

摆动式液压缸输出转矩和角速度，有单叶片和双叶片两种型式，摆动式液压缸结构如图 3-7 所示。图 3-7(a) 为单叶片摆动式液压缸，它由定位块、缸体、摆动轴、叶片、左右支承盘和左右盖板等主要零件组成，定位块固定在缸体上，叶片和摆动轴连接在一起。其工作原理为：当高压油液从 a 口进入缸内，叶片被推动并带动轴作逆时针方向回转，叶片另一侧的油液从 b 口排出；反之，高压油液从 b 口进入，叶片及轴作顺时针方向回转，a 口排出油液。其摆动角度较大，可达 $300°$。

图 3-7(b) 所示为双叶片摆动式液压缸，原理与单叶片摆动式液压缸相同，它的摆动角

度较小，可达150°。当输入液压油的压力和流量不变时，同等规格的双叶片摆动式液压缸因有效工作面积是单叶片摆动式液压缸的两倍，因此双叶片摆动式液压缸摆动轴输出转矩是单叶片摆动式液压缸的两倍，摆动角速度则是单叶片摆动式液压缸的一半。

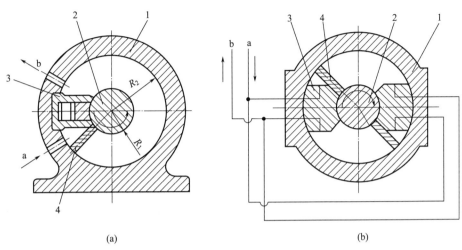

(a)　　　　　　　　　　　　　　　　(b)

图 3-7　摆动式液压缸结构示意图

1—缸体；2—摆动轴；3—定位块；4—叶片

　　摆动式液压缸的主要特点是结构紧凑，但加工制造比较复杂。在机床上，用于回转夹具、送料装置、间歇进刀机构等；在液压挖掘机、装载机上，用于铲斗的回转机构。目前，在舰船的液压舵机上逐步由摆动式液压缸取代柱塞式液压缸；在舰船稳定平台的执行机构中，也不少采用摆动式液压缸。

四、伸缩式液压缸

　　伸缩式液压缸又称多级液压缸，当安装空间受到限制而行程要求很长时可采用此种液压缸，如液压汽车起重机的吊臂缸、雷达天线的撤展液压缸、潜艇升降装置液压缸。伸缩式液压缸由两个或多个活塞式液压缸套装而成，前一级活塞缸活塞是后一级活塞的缸筒。各级活塞依次伸出时可获得很长的行程，而当依次缩回时又能使液压缸保持很小的轴向尺寸。

　　伸缩式液压缸的结构如图3-8所示。当压力油从无杆腔进入时，活塞有效面积最大的缸

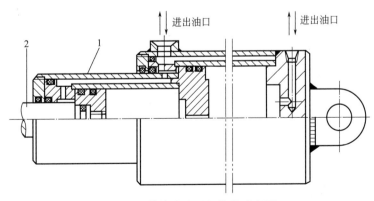

图 3-8　伸缩式液压缸结构示意图

1,2—活塞

筒开始伸出，当行至终点时，活塞有效面积次之的缸筒开始伸出。外伸缸筒有效面积越小，伸出速度越快。这种推力、速度的变化规律，正适合各种自动装卸机械对推力和速度的要求。

伸缩式液压缸可以是单作用的，也可以是双作用的；可以是活塞式的，也可以是柱塞式的。单作用伸缩式液压缸回程靠外力（如重力），双作用伸缩式液压缸回程靠液压油作用。

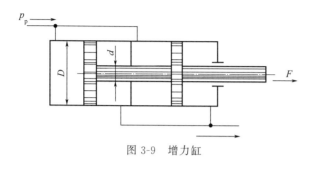

图 3-9　增力缸

五、增力缸

图 3-9 所示是一种由一根活塞杆将两个缸体串联起来的串联缸，其油路是并联的，两个缸体的左、右腔相互连通。当压力油通入两缸左腔时，串联活塞向右移动，两缸右腔的油液同时排出。由于两个活塞的同一侧面同时承受油液压力的作用，相当于增大了活塞的有效面积，其推力等于两缸推力的总和。这种缸一般用于径向尺寸受限制而且要求出力较大的情况下，其推力公式为

$$F = \frac{\pi}{4} p_{\mathrm{p}} (2D^2 - d^2) \tag{3-11}$$

六、增压缸

增压缸也叫增压器。在液压系统中采用增压缸，可以在不增加高压能源的情况下，获得比液压系统中能源压力高得多的油压力。

图 3-10 为一种由活塞缸和柱塞缸组成的增压缸，它是利用活塞和柱塞有效工作面积之差来使液压系统中局部区域获得高压的。当输入 A 腔活塞缸的液体压力为 p_1，活塞直径为 D，柱塞直径为 d 时，B 腔柱塞缸输出的液体压力为

$$p_2 = \left(\frac{D}{d}\right)^2 p_1 \tag{3-12}$$

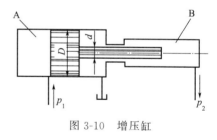

图 3-10　增压缸

可见，输出压力 p_2 为输入压力 p_1 的 $(D/d)^2$ 倍。它能将低压泵提供的低压油转换成高压油，供给液压系统的某一部分，可省去低压系统中由于某一部分需要高压油而设置的高压泵。

增压缸有单向和双向两种。单向增压缸只能单方向间断地供油，油液的压力是不稳定的，有脉动冲击。为了使增压缸在往复运动中能连续不断地将低压油转换成高压油，常常采用连续式增压缸。这种缸相当于两个输出缸共用两个双作用原动液压缸，在正、反两个方向上都有增压作用，压力比较稳定。

七、齿轮齿条液压缸

齿轮齿条液压缸也称为无杆活塞缸，它是将液压能转换为往复旋转机械能的装置，由两

个活塞缸和一套齿轮齿条机构组成，如图 3-11 所示。

当压力油进入液压缸时，推动活塞及其相连的齿条做往复直线移动，并通过齿轮齿条机构转换为齿轮轴的往复旋转运动。这种液压缸的旋转角度可大于 360°，改变活塞行程即可改变转角的大小。

齿轮齿条液压缸多用于吊装液压系统立柱回转机构以及需要大角度转位或精确分度机构中。

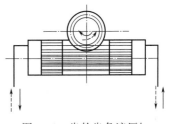

图 3-11　齿轮齿条液压缸

第二节　活塞缸的结构与组成

活塞缸是装备液压系统中最常见的一种液压缸，常见形式有固定安装式（图 3-12），如装备车辆支腿液压缸；回转安装式（图 3-12），如吊装系统的吊臂液压缸、起竖系统液压缸等。无论哪种安装方式，活塞式液压缸通常由缸筒组件、活塞组件、密封装置、缓冲装置和排气装置等五大部分组成。缸筒组件包括后端盖、缸筒、活塞杆、活塞组件、前端盖等；为防止油液向液压缸外泄或由高压腔向低压腔泄漏，在缸筒与端盖、活塞与活塞杆、活塞与缸筒、活塞杆与前端盖之间均设置有密封装置，在前端盖外侧，还装有防尘装置；为防止活塞快速退回到行程终端时撞击缸盖，液压缸端部还设置缓冲装置；为了排除混入液压缸内的空气，还需设置排气装置。

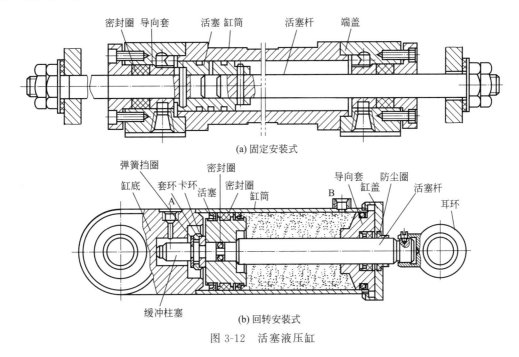

(a) 固定安装式

(b) 回转安装式

图 3-12　活塞液压缸

一、缸筒组件

缸筒是液压缸的主体，中（高）压液压缸的缸筒通常用无缝钢管制成，此外亦有用锻钢、铸钢或铸铁等材料制成的，在特殊条件下还可采用合金钢的无缝钢管。其内孔一般采用镗削、铰孔、滚压或研磨等精密加工工艺制造，要求表面粗糙度在 $0.1\mu m \sim 0.4\mu m$，使活塞及其密封件、支承件能顺利滑动，从而保证密封效果，减少磨损；外表可不加工，缸筒要承受很大的液压力，因此，应具有足够的强度和刚度。

这一部分的结构问题，一是缸筒和端盖的连接型式；二是液压缸的安装固定方式。

1. 缸筒和端盖的连接

缸筒与端盖连接的各种典型结构及其主要优缺点如表 3-1 所示。

表 3-1　缸筒与缸盖的连接结构

(a)拉杆连接		(b)法兰连接	
前、后端盖装在缸筒两边，用四根拉杆(螺栓)将其紧固。这种连接通常只用于较短的液压缸		在用无缝钢管制作的缸筒上焊上法兰盘，再用螺钉与端盖紧固	当工作压力较小，缸壁较厚时，可不用焊法兰盘，直接用螺钉与缸筒连接。此时缸筒材料常为铸铁
优点： ①缸筒最易加工 ②最易装卸 ③结构通用性大	缺点： 重量较重，外形尺寸较大	优点： ①结构较简单 ②易加工 ③易装卸	缺点： ①比螺纹连接重 ②外形较大
(c)卡环连接		(d)焊接	
外卡环连接	内卡环连接		
K 为卡环，把卡环切成二块(半环)装于缸筒槽内。当液压缸轴向尺寸受到限制，又要获得较大行程时，有时采用外卡环连接		由于其内孔清洗、加工较困难，且易产生变形，所以多应用于较短的液压缸	
优点： ①结构简单 ②易装卸	缺点： 键槽使缸筒壁的强度有所削弱	优点： ①结构简单 ②尺寸小	缺点： ①缸筒有可能变形 ②缸底内径不易加工
(e)螺纹连接		(f)钢丝连接	
外螺纹连接	内螺纹连接		
		适用于低工作压力的场合	
优点： ①重量较轻 ②外形较小	缺点： ①端部结构复杂 ②装卸要用专门工具	优点： ①结构简单 ②尺寸较小，重量轻	缺点： ①轴向尺寸略有增加 ②承载能力小

在上述结构中，焊接连接只能用于缸筒的一端，另一端必须采用其他结构。结构型式的选择要由工作压力、缸筒材料和工作条件来确定。如在机床中，在工作压力低的地方常使用铸铁制作缸筒，它的端盖多用法兰连接，如表 3-1 中 (b)。对于较高的工作压力，则采用无缝钢管作缸筒，这时如要采用法兰连接，则要在钢管端部焊上法兰。对于一般自制的中小型非标准液压缸，采用法兰连接、螺纹连接和焊接的结构较为普遍。

2. 液压缸的安装固定方式

液压缸与机架的各种安装方式见表3-2。其中支座式、法兰式适用于缸筒与机架间没有相对运动的场合；轴销式、耳环式、球头式适用于缸筒与机架间有相对转动的场合。在液压缸两端都有底座时，只能固定一端，使另一端浮动，以适应热胀冷缩的需要，当液压缸较长时这点尤为重要。采用法兰或轴销安装定位时，法兰或轴销的轴向位置会影响活塞杆的压杆稳定性，这点应予注意。

表 3-2　液压缸与机架的安装方式

支座式	径向底座	法兰式	头部外法兰
	切向底座		头部内法兰
	轴向底座		尾部外法兰
轴销式	头部轴销	耳环式	单耳环
	中部轴销		双耳环
	尾部轴销	球头式	尾部球头

二、活塞组件

活塞组件包括活塞、活塞杆及其连接件，通常活塞与活塞杆是分离的，目的是易于加工和选材。活塞一般选用耐磨铸铁制造，活塞杆多数用钢料制造。针对液压缸的工作压力、安装方式和工作条件的不同，活塞组件的选用各有不同。

1. 活塞和活塞杆的连接

图3-13所示为螺纹连接，其结构简单，拆装方便，

图 3-13　活塞和活塞杆的螺纹连接
1—活塞；2—螺母；3—活塞杆

多在机床上使用。但由于螺纹会使活塞杆强度削弱，因此不适用于高压系统，一般还需要螺母防松装置。

图 3-14 所示为非螺纹连接，这种连接型式适用于工作压力较高的环境。图 3-14（a）为单半圆环式，半圆环 3（切成两半）放在活塞杆 6 的环形槽里，经弯板 4 夹紧活塞 5，并由轴套 2 套住，轴套 2 又由弹簧圈 1 固定在活塞杆上。图 3-14（b）为双半圆环式。活塞杆 1 上使用了两个半环 4，它们分别由两个密封座 2 套住，然后在密封座之间塞入两个半环形活塞 3。图 3-14（c）则是用锥销 1 把活塞 2 固定在活塞杆 3 上。非螺纹连接强度高，工作可靠，能承受较大的负载与振动，但结构复杂，轴向尺寸精度要求较高。

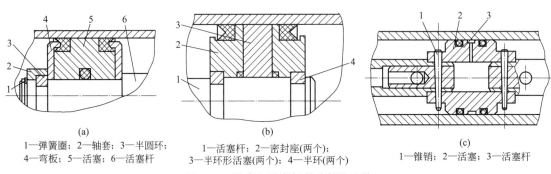

(a)
1—弹簧圈；2—轴套；3—半圆环；
4—弯板；5—活塞；6—活塞杆

(b)
1—活塞杆；2—密封座(两个)；
3—半环形活塞(两个)；4—半环(两个)

(c)
1—锥销；2—活塞；3—活塞杆

图 3-14 活塞和活塞杆的非螺纹连接

在小直径的液压缸中，也有将活塞和活塞杆做成整体结构的。这种结构虽然简单、可靠，但加工比较复杂。当活塞直径较大、活塞杆较长时尤其如此。

2. 活塞杆头部结构

活塞杆头部直接与工作机械联系，根据与负载连接的要求不同，活塞杆头部主要有如图 3-15 所示的几种结构。

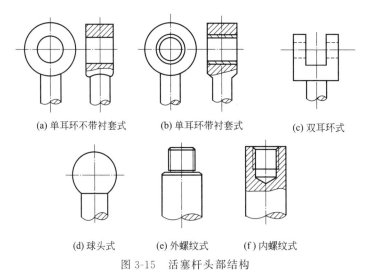

(a) 单耳环不带衬套式　　(b) 单耳环带衬套式　　(c) 双耳环式

(d) 球头式　　(e) 外螺纹式　　(f) 内螺纹式

图 3-15 活塞杆头部结构

三、密封装置

液压缸在工作时，缸内压力较缸外（大气压）的压力高得多；缸内的进油腔压力较回油腔压力也高得多。这样，油液就可能通过固定件的连接处（如端盖和缸筒的连接处）和相对运动部件的配合间隙而泄漏，如图 3-16 所示。这种泄漏既有内漏又有外漏。外漏不但使油液损失影响环境，而且有着火的危险。内漏则使油液发热、液压缸的容积效率降低，从而使液压缸的工作性能变差。因此应最大限度地减少泄漏。

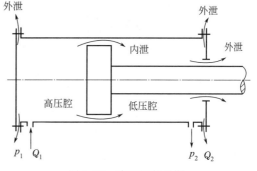

图 3-16　液压缸的泄漏

液压系统对密封装置的主要要求是：

① 在工作压力和一定的温度范围内，应具有良好的密封性能，并随着压力的增加能自动提高密封性能。

② 密封装置和运动件之间的摩擦力要小，摩擦系数要稳定。

③ 抗腐蚀能力强，不易老化，工作寿命长，耐磨性好，磨损后在一定程度上能自动补偿。

④ 结构简单，使用、维护方便，价格低廉。

液压缸的密封部位及其常用密封型式分述如下。

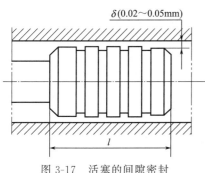

图 3-17　活塞的间隙密封

1. 活塞密封

（1）间隙密封

这种密封是利用活塞的外圆柱表面与缸筒的内圆柱表面之间的配合间隙来实现的，如图 3-17 所示。在活塞的外圆柱表面开有若干个深 0.3～0.5mm 的环形槽，其作用：一是增加油液流经此间隙时的阻力、有助于密封效果；二是有利柱塞（活塞）的对中作用，以减少柱塞移动时的摩擦力（卡紧力）。为减少泄漏，在保证活塞与缸筒相对运动顺利进行的情况下，配合间隙必须尽量小，故对其配合表面的加工精度和表面粗糙度要求较严。这种密封型式适用于直径较小、工作压力较低的液压缸中。

（2）活塞环密封

这种密封型式是通过在活塞的环形槽中放置切了口的金属环（图 3-18）来防止泄漏的。金属环依靠其弹性变形所产生的涨紧力紧贴在缸筒的内壁上，从而实现了密封。这种密封装置的密封效果较好，能适应较大的压力变化和速度变化。耐高温，使用寿命长，易于维修保养，并能使活塞具有较长的支承面；缺点是制造工艺复杂。因此它适用于高压、高速或密封性要求较高的场合。

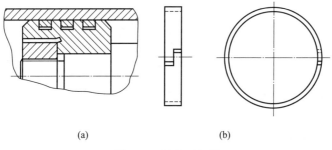

(a)　　　　　　　　　(b)

图 3-18　活塞环密封

（3）橡胶圈密封

橡胶圈密封是利用耐油橡胶制成的密封圈，套装在活塞上来防止泄漏的。这种密封装置结构简单，制造方便，磨损后能自动补偿，密封性能随着压力的加大而提高，因此密封可靠，对密封表面的加工要求不高，所以应用极为广泛。

密封圈的形式，按其断面形状分为 O 形、Y 形和 V 形三种。

① O 形密封圈一般用耐油橡胶制成，其横截面呈圆形，如图 3-19 所示，是液压设备中使用最多的一种密封件，可用于静密封和动密封。它具有良好的密封性能，内外侧和端面都能起密封作用，具有压力的自适应能力和自动补偿能力，结构简单，制造容易，运动件的摩擦阻力小，安装方便，成本低，故应用极为广泛（图 3-20）。

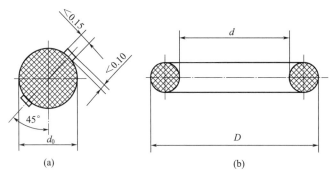

图 3-19　O 形密封圈

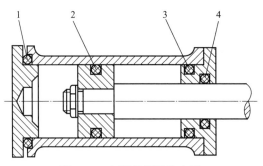

图 3-20　O 形密封圈的应用

1—固定、端面密封；2—运动、外径密封；3—固定、外径密封；4—运动、内径密封

图 3-21 为 O 形密封圈装入沟槽时的情况，图中 δ_1 和 δ_2 为 O 形密封圈装配后的预变形量，它们是保证间隙密封性所必须具备的。预变形量的大小应选择适当，过小时会由于安装

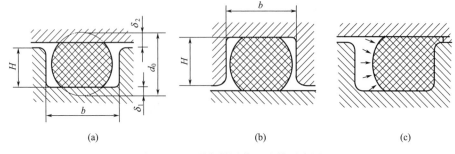

图 3-21　O 形密封圈装入沟槽示意图

部位的偏心、公差波动等而漏油；过大时对动密封而言，会增加摩擦阻力。常用压缩率 W 表示预压缩量，即 $W=[(d_0-h)/d_0]\times100\%$，对于固定密封、往复运动密封和回转运动密封，应分别达到 $15\%\sim20\%$、$10\%\sim20\%$ 和 $5\%\sim10\%$，才能取得满意的密封效果。当静密封压力 $p>32\text{MPa}$ 或动密封压力 $p>10\text{MPa}$ 时，O 形密封圈有可能被压力油挤入间隙而损坏，为此要在它的侧面安置聚氟乙烯挡圈，单向受力时在受力一侧的对面安放一个挡圈 [图 3-22(a)]；双向受力时则在两侧各放一个 [图 3-22(b)]。有关 O 形密封圈的安装沟槽、挡圈等都已标准化，实际应用可查阅有关手册。

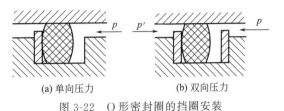

(a) 单向压力　　　　(b) 双向压力

图 3-22　O 形密封圈的挡圈安装

O 形密封圈使用寿命不长，因此在速度较高的滑动密封中不常使用。

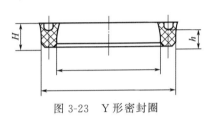

图 3-23　Y 形密封圈

② Y 形密封圈也叫作唇形密封圈，结构如图 3-23 所示，一般用耐油橡胶制成。它依靠略为张开的唇边贴于密封面而实现密封。在油压作用下，唇边作用在密封面上的压力也随之增加，并在磨损后有一定的自动补偿能力。

在装配 Y 形密封圈时，一定要使其唇边面向高压区，才能起密封作用。使用时可将它直接装入沟槽内（图 3-24）。但在工作压力波动大、滑动速度较高的情况下，要采用支承环来定位（图 3-25）。

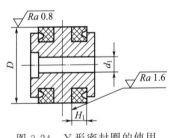

图 3-24　Y 形密封圈的使用

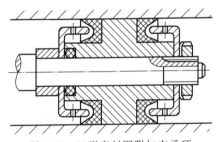

图 3-25　Y 形密封圈附加支承环

Y 形密封圈密封可靠，寿命较长，摩擦力小，常用于速度较高的液压缸。适用工作油温为 $-40\sim80℃$，工作压力为 20MPa。

③ V 形密封圈用带夹织物的橡胶制成，由支承环、密封环和压环三部分叠合组成，如图 3-26 所示。当要求密封的压力小于 10MPa 时，使用由三个圈组成的一套已足够保证密封性；当压力大于 10MPa 时，可增加中间环节的数量。在安装 V 形圈时，也应注意使密封圈的唇边面向高压区。

V 形密封圈耐高压，密封性能可靠，但密封处摩擦较大。目前在小直径运动副中多数采用 Y 形密封圈，但在大直径柱塞或低速运动的活塞杆上仍采用 V 形密封圈，其工作温度为 $-40\sim80℃$，工作压力可达 50MPa。

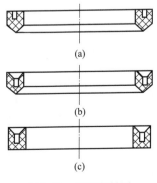

(a)

(b)

(c)

图 3-26　V 形密封圈

2. 活塞杆的密封

活塞杆上广泛地采用橡胶圈密封。图 3-27(a)、（b）和（c）分别表示采用 O 形、V 形、Y 形密封圈的情况。另外，由于活塞杆外伸部分在进入液压缸处很容易带入脏物，使工作油液污染，加速密封件的磨损，因此对一些工作环境较脏的液压缸来说，活塞杆密封处应加防尘圈。防尘圈应放在朝向活塞杆外伸的那一端，如图 3-27(d) 所示。

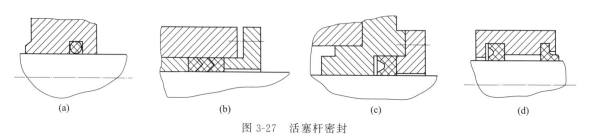

(a)　　　　　　　(b)　　　　　　　(c)　　　　　　　(d)

图 3-27　活塞杆密封

3. 端盖密封

端盖密封常使用 O 形固定密封圈，O 形固定密封圈比 O 形运动密封圈的断面直径 d_0 要小。

四、缓冲装置

为了避免活塞在行程两端撞冲缸盖，产生噪音，影响工件精度以至损坏机件，常在液压缸两端设置缓冲装置。缓冲装置利用对油液的节流原理来实现对运动部件的制动。

图 3-28(a) 为环状间隙式缓冲装置，当缓冲柱塞进入与其相配的缸盖上内孔时，液压油（回油）必须通过间隙 δ 才能排出，使活塞速度降低。由于配合间隙是不变的，因此随着活塞运动速度的降低，其缓冲作用逐渐减弱。图 3-28(b) 为节流口可调式缓冲装置，当缓冲柱塞进入配合孔后，液压油必须经过节流阀 1 才能排出。由于节流阀是可调的，故缓冲作用

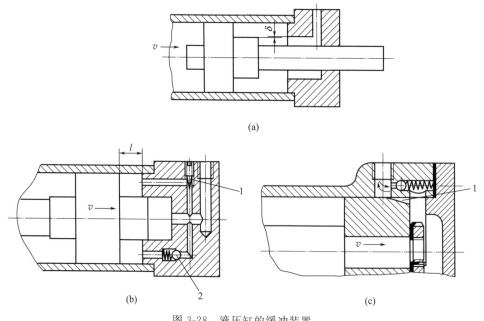

(a)

(b)　　　　　　　　　　　　　(c)

图 3-28　液压缸的缓冲装置

1—节流阀；2—单向阀

也可调，但仍不能解决速度减低后缓冲作用减弱的缺点。图 3-28(c) 为节流口可变式缓冲装置，在缓冲柱塞上开有三角沟槽，其节流孔过流断面越来越小，解决了在行程最后阶段缓冲作用过弱的问题。

五、排气装置

液压缸内最高部位处常常会聚积空气，这是由于液压油中混有空气，或者液压缸长期不用而空气侵入液压缸所致。空气的存在会使液压缸运动不平稳，产生振动或爬行。为此，液压缸上要设置排气装置。

排气装置通常有两种型式。一种是在液压缸的最高部位处开排气孔，用长管道通向远处的排气阀排气，机床上使用的大多是这种型式。另一种是在缸盖的最高部位直接安装排气气阀，图 3-29 为这种常用排气阀的典型结构。两种排气装置都是在液压缸排气时打开（让液压缸全行程往复移动数次），排气完毕后关闭。对于双作用液压缸应设置两个排气阀。

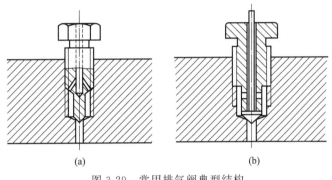

(a)　　　　　　　　　　　(b)

图 3-29　常用排气阀典型结构

在上述五大组成部分中，缓冲装置和排气装置不一定所有的液压缸都有，有的可能在整个液压系统中统一考虑，有的根据工作性质、特点可能不需要设置，在结构设计时应注意到这点。

第三节　液压马达

液压马达在装备液压系统中最典型的应用为履带的伺服驱动元件。如图 3-30 所示，因此将液压马达可看作装备液压系统的"脚"。

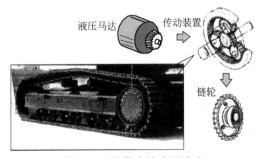

液压马达　　传动装置

链轮

图 3-30　履带中的液压马达

一、液压马达与液压泵的区别与联系

从能量转换的观点来看，液压泵与液压马达是可逆工作的液压元件，向任何一种液压泵输入工作液体，都可使其变成液压马达工况；反之，当液压马达的主轴由外力矩驱动旋转时，也可变为液压泵工况。因为它们具有同样的基本结构要素——密闭而又有可以周期变化的容积和相应的配油机构。

但是，由于液压马达和液压泵的工作条件不同，对它们的性能要求也不一样，所以同类型的液压马达和液压泵之间，仍存在许多差别。首先，液压马达应能够正、反转，因而要求其内部结构对称；其次，液压马达的转速范围需要足够大，特别对它的最低稳定转速有一定要求。

二、液压马达的特点及分类

液压马达按其额定转速分为高速和低速两大类。额定转速高于 500r/min 的属于高速液压马达，额定转速低于 500r/min 的属于低速液压马达。高速液压马达的基本型式有齿轮式、螺杆式、叶片式和轴向柱塞式等。它们的主要特点是转速较高、转动惯量小，便于启动和制动，调速及换向灵敏度高。通常高速液压马达输出转矩不大，所以又称为高速小转矩液压马达。低速液压马达的基本型式是径向柱塞式，此外在轴向柱塞式、叶片式和齿轮式中也有低速的。低速液压马达的主要特点是排量大、体积大、转速低（有时可达每分钟几转甚至零点几转），因此可直接与工作机构连接，不需要减速装置，使传动机构大为简化。通常低速液压马达输出转矩较大，所以又称为低速大转矩液压马达。

各类液压马达的职能符号如图 3-31 所示。

(a) 单向定量液压马达   (b) 双向定量液压马达   (c) 单向变量液压马达   (d) 双向变量液压马达

图 3-31　液压马达职能符号

习　　题

1. 液压缸有何功用？是怎样分类的？

2. 单活塞杆液压缸差动连接时，有杆腔与无杆腔相比谁的压力高？为什么？

3. 液压缸的缓冲装置起什么作用？有哪些型式？

4. 液压缸的排气目的是什么？如何实现？

5. 某一差动液压缸，要求①$v_{快进}＝v_{快退}$，②$v_{快进}＝2v_{快退}$，求：活塞面积 A_1 和活塞杆面积 A_2 之比。

6. 双杆活塞式液压缸在缸筒固定和活塞杆固定时，工作台运动范围有何不同？运动方向和进油方向之间是什么关系？

7. 液压缸的主要组成部分有哪些？

8. 液压缸泄漏的主要途径有哪些？常用橡胶密封圈有哪几种类型？说明其应用范围及使用时应注意些什么。

第四章　装备液压控制元件

在装备液压系统中，用于控制和调节工作液体的压力高低、流量大小以及改变流量方向的元件，统称为液压控制阀。液压控制阀控制液压执行元件的开启、停止和换向，调节其运动速度和输出扭矩（或力），并对液压系统或液压元件进行安全保护等。常用的液压控制阀有很多种。通常按照其职能分类，可分为方向控制阀、压力控制阀、流量控制阀等。

随着装备集约化的发展，为减少液压系统中的液压元件和管路，产生了一种阀体内组装多个阀的复合阀以及一阀多能的数字阀等。

液压系统中，液压阀本身不做有用功，只是对执行元件起控制作用。液压传动系统对液压控制阀的基本要求为：

① 动作灵敏、工作平稳可靠，工作时冲击和振动尽可能小。
② 油液通过液压阀时压力损失要小。
③ 密封性能好，泄漏量要小。
④ 结构要简单紧凑，安装、维护、调整方便，通用性强，寿命长。

第一节　方向控制阀

方向控制阀通过改变阀芯与阀体的相对位置，实现油路接通、断开或油液流动方向的改变，从而实现执行元件的启动、停止或运动方向的改变。方向控制阀主要包括单向阀和换向阀两类。

一、单向阀

1. 普通单向阀

（1）结构及工作原理

单向阀又称止回阀，它是一种只允许液流沿一个方向通过，反向液流被截止的方向阀。对单向阀的主要性能要求是：正向液流通过时压力损失要小；反向截止时密封性要好；动作灵敏，工作时撞击和噪音小。

管式单向阀为直通式，该阀进口和出口流道在同一轴线上。图4-1（a）、（b）所示为管式连接的钢球式直通单向阀和锥阀式直通单向阀，由阀体 1、阀芯 2、压力弹簧 3 组成。液流从进油口流入，克服弹簧力而将阀芯顶开，再从出油口流出。当液流反向流入时，由于阀芯被压紧在阀座密封面上，液流被截止。

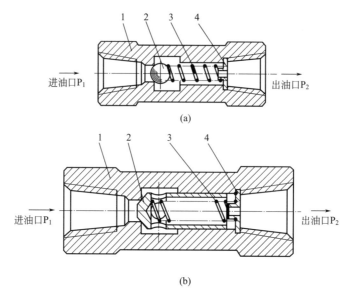

图 4-1　两种直通单向阀结构

1—阀体；2—阀芯；3—压力弹簧；4—挡圈

　　钢球式单向阀结构简单，但密封性不如锥阀式，并且由于钢球没有导向部分，工作时容易产生振动，一般用在流量较小的场合。锥阀式单向阀应用最多，虽然结构比钢球式复杂一些，但其导向性好，密封可靠。

　　图 4-2 为板式连接的直角式单向阀。在该阀中，液流从 P_1 口流入，顶开阀芯后，直接经阀体的铸造流道从 P_2 口流出，压力损失小，而且只要打开端部螺塞即可对内部进行维修，十分方便。图 4-3 为单向阀职能符号。

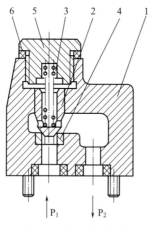

图 4-2　直角式单向阀

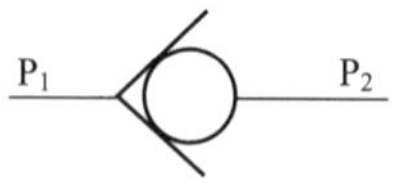

图 4-3　单向阀职能符号

1—阀体；2—锥阀芯；3—压力弹簧；4—阀座；5—顶盖；6—密封圈

（2）应用举例

　　单向阀中的弹簧，主要用来克服摩擦力、阀芯的重力和惯性力，使阀芯在反向流动时迅速关闭。为了避免液流通过时产生过大的压力损失，弹簧刚度较小，仅用于将阀芯顶压在阀座上。单向阀的开启压力一般为 0.03～0.05MPa，并可根据需要更换弹簧。如将单向阀中的软弹簧更换成合适的硬弹簧，就成为背压阀，这种阀通常安装在液压系统的回油路上，用以产生 0.3～0.5MPa 的背压。所谓背压，是在液压回路的回油侧或压力作用面的相反方向所作用的压力。

单向阀常被安装在泵的出口，一方面防止系统的压力冲击影响泵的正常工作；另一方面在泵不工作时防止系统的油液经泵倒流回油箱。单向阀还被用来分隔油路以防止干扰，并与其他阀并联组成复合阀，如单向顺序阀、单向节流阀等。

2. 液控单向阀

（1）结构及工作原理

液控单向阀又称为单向闭锁阀，它由一个普通单向阀和一个微型控制液压缸组成，其结构如图 4-4 所示。在液控单向阀的下部有一个控制油口 K，当控制油口不通压力油时，该阀的作用与普通单向阀相同，即油液只能从 $P_1 \rightarrow P_2$ 正向通过，反向 $P_2 \rightarrow P_1$ 不通；当控制油口 K 通入控制压力油时，将控制活塞 6 顶起，并将阀芯 2 强行顶开，使油口 P_1、P_2 相互接通。这时油液就可以在两个方向（实际应用常是从 $P_2 \rightarrow P_1$ 方向）上自由通流。在图示结构的液控单向阀中，通过控制活塞与阀体的配合间隙泄漏到反向出油腔 P_1 的流量与反向油液一起流出液控单向阀。因此，液控单向阀也称为内泄式液控单向阀。

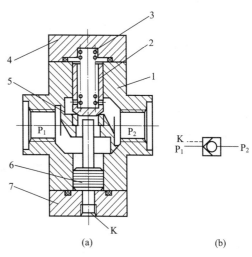

图 4-4　内泄式液控单向阀
1—阀体；2—阀芯；3—弹簧；4—上盖；
5—阀座；6—控制活塞；7—下盖

对于上述结构，当反向出油腔压力 $p_1 = 0$ 时，使 $P_2 \rightarrow P_1$ 反向接通所需最小控制压力 $p_{K\min} \geqslant 0.4 p_2$。若 $p_1 \neq 0$ 且较高时，则所需 $p_{K\min}$ 也提高。为节省功率，此时应采用如图 4-5 所示外泄式液控单向阀。这样可大大降低控制油压，外泄油液通过泄油管直接引回

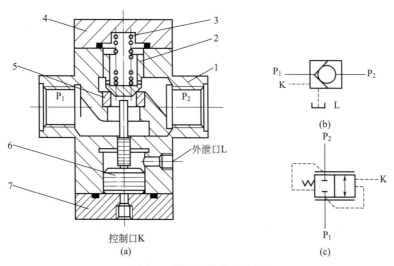

图 4-5　外泄式液控单向阀
1—阀体；2—阀芯；3—弹簧；4—上盖；5—阀座；6—控制活塞；7—下盖

油箱。

内泄式、外泄式液控单向阀的简化职能符号分别如图4-4(b)，图4-5 (b)、(c) 所示。

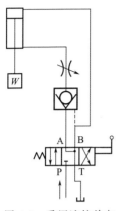

（2）应用举例

液控单向阀具有良好的单向密封性能，在液压系统中应用很广，常用于执行元件需要较长时间保压、锁紧等情况，也用于防止立式液压缸停止时自动下滑及速度换接等回路中。图4-6 所示为采用液控单向阀的锁紧回路。在垂直放置液压缸的下腔管路上安装液控单向阀，就可将液压缸（负载）较长时间保持（锁定）在任意位置上，并可防止由于换向阀的内部泄漏引起带有负载的活塞杆下落。

3.双向液压锁

双向液压锁又称为双向液控单向阀或双向闭锁阀，其结构原理及职能符号如图4-7所示，两个液控单向阀共用一个阀体1。当压力油从A腔进入时，依靠油压自动将左边的阀芯顶开，使油液从A→A_1腔流动。同时，通过控制活塞2把右阀顶开，使B腔与B_1腔沟通，将原来封闭在B_1腔通路上的油液，通过B腔排出。这就是说，当一个油腔正向进油时，另一个油腔就反向出油。反之亦然。当A、B两腔都没有压力油时，A_1腔与B_1腔的反向油液依靠顶杆3（卸荷阀芯）的锥面与阀座的严密接触而封闭。这时执行元件被双向锁住（如装备调平系统中液压支腿油路）。具体应用油路，如图4-8所示。

图4-6　采用液控单向阀的锁紧回路

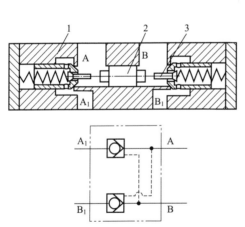

图4-7　双向液压锁及其职能符号

1—阀体；2—活塞；3—顶杆

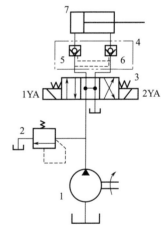

图4-8　双向液压锁的锁紧回路

1—单向定量泵；2—溢流阀；3—H型三位四通电磁换向阀；4—双向液压锁；5,6—液控单向阀；7—液压缸

图4-8中，当1YA带电、阀3左位导通时，双向液压锁4中的液控单向阀5正向进油，阀6同时反向出油，缸7活塞、活塞杆右移（液压支腿伸出），当右移至一定位置（液压支腿触及并支撑地面，使车辆车轮离开地面）后，1YA断电，阀3处中位，阀5、6的进油口和油箱相通，其压力为零，阀5、6关闭，将活塞、活塞杆（亦即液压支腿）锁住（装备上装作业）。当2YA带电时（上装作业完毕后），阀3右位导通，阀6正向进油，阀5反向出油，活塞左移（液压支腿开始缩回），当左移至原位（液压支腿缩回原位，车辆车轮着地）

时，2YA断电，阀3处中位，阀5、6将活塞（液压支腿）锁定在初始位置上。

二、换向阀

换向阀的作用是利用阀芯和阀体之间的相对运动开启和关闭油路，从而变换液流的方向，使液压执行元件启动、停止或变换运动方向。

对换向阀的一般要求为：通油时的压力损失小；通路关闭时密封性好，各油口之间的泄漏少；动作灵敏、平稳、可靠，没有冲击和噪音。

1. 分类

换向阀的应用十分广泛，种类也很多，可根据其结构、操纵方式、阀芯与阀体的相互位置（工作位置）及控制通油口（通路）数等来分，见表4-1。

表 4-1　换向阀的分类

分类方式	类型
按阀的操纵方式	手动、机动(亦称行程)、电动、液动、电液动等
按阀的结构方式	滑阀式(五槽三台肩、三槽二台肩、四槽四台肩等)、转阀式
按阀的工作位置数和控制通路数	二位二通、二位三通、二位四通、……、三位四通、三位五通等
按阀的安装方式	管式(亦称螺纹式)、板式、法兰式

2. 转阀

（1）转阀的工作原理

图4-9为一种手动转阀的工作原理简图，它由阀芯1、阀体2、操纵手柄（图中没画出）等主要元件组成。阀体上有四个通油口：P、T、A、B。其中P口始终为进油口；T口始终为回油口；A、B交替为进、出油口，称作工作油口。阀体不动，阀芯可相对于阀体转动。图4-9中（a）、（b）、（c）分别为阀芯相对阀体转动时得到的三个不同的相对位置。

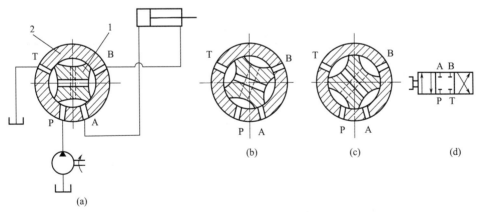

图 4-9　转阀的工作原理图

当转动手柄，使阀芯相对阀体处于图4-9（a）的位置时，P口和A口相通，B口和T口相通，来自液压泵的油液从P口进入、从A口流出后，经管道进入执行元件液压缸的左腔，推动液压缸向右运动，其右腔的回油经管道从阀体的B口进入，T口流出，回到油箱。当转动手柄，使阀芯位置如图4-9(c)所示时，P、B口相通，A、T口相通，来油从P口进入、从B口流出并经管道进入液压缸右腔，推动液压缸向左运动，液压缸左腔的回油经管道从 A 口进入，从 T 口流出，回到油箱。因而改变了液压缸的运动方向。当转动手柄，使阀芯与阀体处于图 4-9(b) 所示的相对位置时，油口 P、T、A、B 各自都不相通，液压泵的来油既不能进入液压缸的左、右两腔，液压缸左、右两腔的油液也不能流出，液压缸停止运动，停留在某一个位置上。

（2）职能符号

① 换向阀的"位"和"通"。位数与通路数是滑阀式换向阀的两个重要参数。换向阀的"通"是指阀体上的通油口数目（不含控制油路和泄油路的通路数），即有几个通油口，就叫几通阀；换向阀的"位"是指改变阀芯与阀体的相对位置时，所能得到的通油口切断和相通型式的种类数，有几种就叫作几位阀。例如图 4-9 所示的换向阀的位数为 3，通路数为 4，所以这是一个三位四通换向阀。

② 换向阀的职能符号。换向阀职能符号的规定和含义如下。

ⅰ. 用方框表示换向阀的"位"，有几个方框就是几位阀。

ⅱ. 方框内的箭头表示处在这一位上的油口接通情况，并基本表示油流的实际流向。

ⅲ. 方框内的符号"⊥"或"⊤"表示此油口被阀芯封闭。

ⅳ. 方框上与外部连接的接口即表示通油口，接口数即通油口数，亦即阀的"通"数。

ⅴ. 通常阀与液压泵或供油路相连的油口用字母 P 表示；阀与系统的回油路（油箱）相连的回油口用字母 T 表示；阀与执行元件相连的油口，称为工作油口，用字母 A、B 表示。有时在职能符号上还标出泄漏油口，用字母 L 表示。

根据上述规定，三位四通手动转阀的职能符号如图 4-9(d) 所示。

3. 滑阀

滑阀式换向阀（简称滑阀）是依靠具有若干个台肩的圆柱形阀芯，相对于开有若干个沉割槽的阀体作轴向运动，使相应的油路接通或断开。换向阀的功能主要由其工作位数和位机能——相应位上的油口沟通型式来决定的。常用滑阀式换向阀的位和位机能以及与之相应的结构列于表 4-2 中。

表 4-2　滑阀式换向阀的结构原理及图形符号

名称	结构原理图	职能符号	使用场合
二位二通阀	A　　P		控制油路的接通与切断 （相当于一个开关）
二位三通阀	A　P　B		控制液流方向 （从一个方向变换成另一个方向）
二位四通阀	A　P　B　T		控制执行元件换向	不能使执行元件在任一位置处停止运动	执行元件正反向运动时回油方式相同

名称	结构原理图	职能符号	使用场合	
三位四通阀		A B P T	能使执行元件在任一位置处停止运动	执行元件正反向运动时回油方式相同
二位五通阀		A B T₁ P T₂	不能使执行元件在任一位置处停止运动	控制执行元件换向　执行元件正反向运动时可以得到不同的回油方式
三位五通阀		A B T₁ P T₂	能使执行元件在任一位置处停止运动	

（1）手动式

手动滑阀式换向阀（简称手动式换向阀）一般有二位三通、二位四通和三位四通等多种型式。图 4-10 为三位四通自动复位手动式换向阀。该阀由手柄 1、阀芯 2、阀体 3、弹簧 4 等主要元件组成。推动手柄 1 向右，阀芯 2 向左移动，直至两个定位套 5 相碰为止（这时弹簧 4 受压缩）。此时 P 口与 A 口相通、B 口经阀芯的径向孔、轴向孔与 T 相通，于是来自液压泵或某供油路的油液从 P 口进入，经 A 流出到液压缸左腔，见图 4-10(a)，使液压缸向右运动，液压缸右腔的回油经油管从阀的 B 口进入，从 T 口流出到油箱；推动手柄向左，阀芯向右移至两个定位套相碰为止。此时 P 口与 B 口相通，A 口与 T 口相通，进入 P 口的油液从 B 口流出到液压缸右腔，使液压缸向左运动，液压缸左腔的回油经油管从阀口 A 流入，从阀口 T 流出到油箱；松开手柄，阀芯在弹簧 4 的作用下恢复原位（中位），这时油口 P、

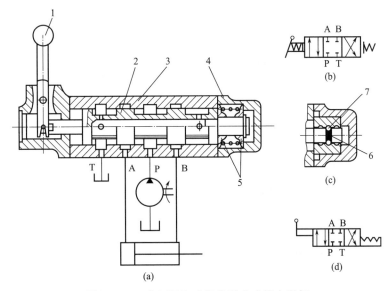

图 4-10　三位四通自动复位手动式换向滑阀

1—手柄；2—阀芯；3—阀体；4,6—弹簧；5—定位套；7—钢球

T、A、B 全部封闭。

　　该阀的职能符号如图 4-10(b) 所示。应说明的是，换向阀的油口一般只标注在换向阀的一个位上，且常标注在没有外力作用的那一位（自然位置）上，对三位阀则常是中位。

　　上述手动式换向阀适用于动作频繁、工作持续时间短的场合，其操作比较安全，常应用于吊装机械中。

　　图 4-10(c) 是钢球定位式三位四通换向阀的定位原理图，当用手柄拨动阀芯时，阀芯可以借助弹簧 6 和钢球 7 保持在左、中、右任何一个位置上。这种结构应用于船舶、装备车辆等，图 4-10(d) 为其职能符号图。

　　（2）机动式

　　机动式换向阀又称行程换向阀，它是依靠安装在执行元件上的行程挡块（或凸轮）推动阀芯实现换向的。

　　图 4-11(a) 是二位二通机动式换向阀的结构图，它由阀体 3、阀芯 2、滚轮 1、弹簧 4 等主要件组成。在图示位置上，阀芯 2 在弹簧 4 的推力作用下，处在最上端位置，把进油口 P 与出油口 A 切断。当行程挡块将滚轮压下时，P、A 口接通；当行程挡块脱开滚轮时，阀芯在其底部弹簧的作用下又恢复初始位置。改变挡块斜面的角度 α（或凸轮外廓的形状），便可改变阀芯移动的速度，因而可以调节换向过程的时间。图 4-11(b) 是该阀的职能符号。

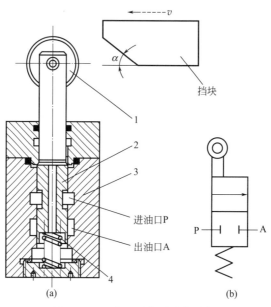

图 4-11　二位二通机动式换向阀
1—滚轮；2—阀芯；3—阀体；4—压力弹簧

　　机动式换向阀要放在它的操纵件旁，因此这种换向阀常用于要求换向性能好、布置方便的场合。机动式换向阀基本都是二位的，包括二位二通、二位三通、二位四通等。

　　（3）电动式

　　电动式换向阀是指电磁换向阀，简称为电磁阀，它是借助电磁铁的吸力推动阀芯动作的。

　　图 4-12 是二位三通电磁阀的结构图和职能符号图。该阀由电磁铁（左半部分）和滑阀（右半部分）两部分组成。当电磁铁断电时，阀芯 2 被弹簧 3 推向左端，使油口 P 和油口 A

接通。当电磁铁通电时，铁芯通过推杆 1 压缩弹簧 3 将阀芯 2 推向右端，油口 P 和 A 的通道被关闭，而油口 P 和 B 接通。

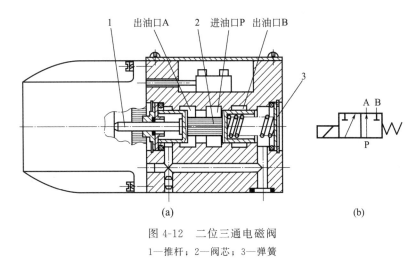

图 4-12　二位三通电磁阀
1—推杆；2—阀芯；3—弹簧

电磁阀上的电磁铁有直流和交流两种；按电磁铁内部是否有油浸入，电磁铁又分为干式和湿式（湿式吸合声小、散热快、可靠性好、效率高、寿命长，但结构复杂，造价高）。直流电磁铁在工作或过载情况下，其电流基本不变，因此，不会因阀芯被卡住而烧毁电磁铁线圈，工作可靠，换向冲击、噪音小，换向频率较高（允许 120 次/min，最高可达 240 次/min 以上），但需要直流电源，并且启动力小，反应速度较慢，换向时间长。交流电磁铁电源简单，启动力大，反应速度较快，换向时间短，但其启动电流大，在阀芯被卡住时会使电磁铁线圈烧毁，换向冲击大，换向频率不能太高（30 次/min 左右），工作可靠性差。

电磁阀由电气信号操纵，控制方便，布局灵活，在实现装备自动化方面得到了广泛的应用。但电磁阀由于受到磁铁吸力较小的限制，其流量不太大，一般在 60L/min 以下。故对于要求流量较大、行程较长、移动阀芯阻力较大或要求换向时间能够调节的场合，宜采用液动式或电液式换向阀。

（4）液动式

图 4-13(a) 为一种三位四通液动式换向阀的结构原理图。当控制油口 K_1 通压力油、K_2 回油时，阀芯右移，P 与 A 通，T 与 B 通；当 K_2 通压力油、K_1 回油时，阀芯左移，P 与 B 通，T 与 A 通；当 K_1、K_2 都不通压力油（即如图所示的位置）时，阀芯在两端对中弹簧

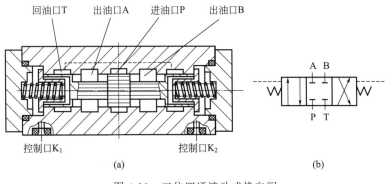

图 4-13　三位四通液动式换向阀

的作用下处于中间位置。图 4-13（b）为这种液动式换向阀的职能符号。

液压操纵可给予阀芯很大的推力，因此液动式换向阀适用于压力高、流量大、阀芯移动行程长的场合。如果在液动式换向阀的控制油路装上单向节流阀（称阻尼器），还能使阀芯移动速度得到调节，改善换向性能。

（5）电液式

电液操纵式滑阀式换向阀简称电液换向阀，是由一个普通的电磁阀和液动换向阀组合而成。其中电磁阀为先导阀，是改变控制油液流向的；液动阀是主阀，它在控制油液的作用下，改变阀芯的位置，使油路换向。由于控制油液的流量不必很大，因而可实现以小容量的电磁阀来控制大通径的液动换向阀。

图 4-14（a）为电液换向阀的结构原理图。电磁铁 1、3 都不通电时，电磁阀阀芯处于中位，液动阀阀芯 6 因其两端没接通控制油液（而接通油箱），在对中弹簧的作用下，也处于中位。电磁铁 1 通电时，阀芯 2 移向右位，来自 P 口的控制油经单向阀 7 通入阀芯 6 的左端，推动阀芯 6 移向右端，阀芯 6 右端的油液则经节流阀 4、电磁阀、泄油口 L 流回油箱。

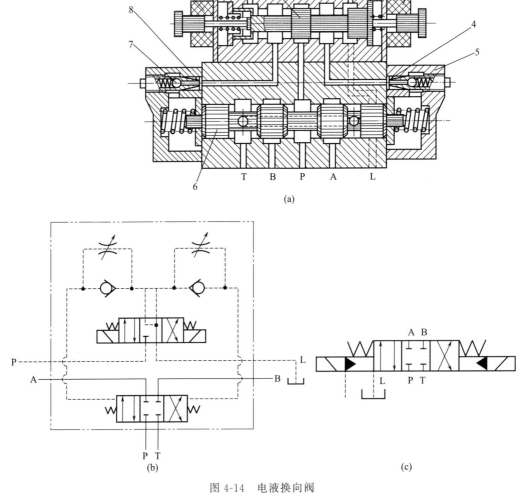

图 4-14　电液换向阀

1,3—电磁铁；2,6—阀芯；4,8—节流阀；5,7—单向阀

阀芯 6 移动的速度由节流阀 4 的开口大小决定。同样道理，若电磁铁 3 通电，阀芯 6 移向左端（使油路换向），其移动速度由节流阀 8 的开口大小决定。

在电液换向阀中，由于阀芯 6 的移动速度可调，因而就调节了液压缸换向的停留时间，并可使换向平稳而无冲击，所以电液换向阀的换向性能较好，适用于高压大流量场合。

图 4-14(b)、(c) 分别为电液换向阀的详细职能符号和简化的职能符号。

4. 中位机能

换向阀处于常态（换向阀没有操纵力的状态）时，阀中各油口的连接状态称为换向阀的滑阀机能。滑阀机能直接影响到执行元件的工作状态，不同的滑阀机能可满足系统的不同要求。

对于二位换向阀，靠近弹簧的那一位为常位。二位二通换向阀有常开型和常闭型两种，常开型的常态位是连通的，在换向阀型号后面用代号"H"表示，常闭型的常态位是截止的，不标注代号。在液压系统图中，换向阀的图形符号与油路的连接应画在常态位置上。

对于三位换向阀，其常态为中间位置，各油口的连通状态称为中位机能。三位换向阀的中位有多种形式，表 4-3 列出了常见的中位机能的相关内容。

三位换向阀除了有各种中位机能外，有时也把阀的左位或右位设计成特殊的机能。这时就分别用两个字母来表示阀的中位和左（或右）位机能。图 4-15(a)、(b) 分别为常见的 MP 型和 OP 型三位阀的职能符号。这两种阀主要用于差动连接回路，以得到快速行程。

表 4-3 三位换向阀的常见中位机能

类型代号	符　号	中位油口状况、特点及应用
O 型		P、A、B、T 四口全封闭；泵不卸荷，液压缸闭锁，可用于多个换向阀的并联工作
H 型		四口全串通；活塞处于浮动状态；在外力作用下可移动，泵卸荷
Y 型		P 封闭，A、B、T 相通；活塞浮动，在外力作用下可移动，泵不卸荷
K 型		P、A、T 相通，B 封闭；活塞处于闭锁状态，泵卸荷
M 型		P、T 相通，A 与 B 均封闭；活塞闭锁不动，泵卸荷，也可用多个 M 型换向阀并联工作
X 型		四口处于半开启状态，泵基本上卸荷，但仍保持一定压力
P 型		P、A、B 相通，T 封闭；泵与缸两腔相通，可组成差动回路，应用广泛
J 型		P 与 A 封闭，B 与 T 相通；活塞停止，但在外力作用下可向一边移动，泵不卸荷

类型代号	符　号	中位油口状况、特点及应用
C 型		P 与 A 相通；B 与 T 封闭；活塞处于停止位置
N 型		P 和 B 封闭，A 与 T 相通；与 J 型机能相似，只是 A 与 B 互换了，功能也类似
U 型		P 和 T 封闭，A 与 B 相通；活塞浮动，在外力作用下可移动，泵不卸荷

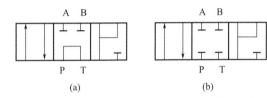

        (a)   (b)

图 4-15　具有 MP 型、OP 型机能的三位四通阀

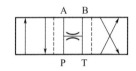

图 4-16　具有 X 型过渡机能的二位四通换向阀

对于二位四通或二位五通换向阀，如果对换向时的中间过渡状态有一定要求时，可在换向阀的符号上把中间的过渡位置表示出来，并用虚线和两端的位置隔开。图 4-16 为具有 X 型过渡机能的二位四通换向阀，它在阀芯移过中间的位置瞬间，使 P、A、B、T 四个油口呈半开启连通。这样既可以避免换向过程中由于油口 P 突然完全封闭而引起系统的压力冲击，同时也能使油口 P 保持一定的压力。在某种场合下，三位阀从中位向左位或右位转换时，也有过渡机能的要求，其表示方法与二位阀类似。

第二节　压力控制阀

压力控制阀是用来调节和控制液压系统中油液压力的阀。按其功能和用途可分为溢流阀、减压阀、顺序阀、压力继电器等，它们的共同特点是利用作用于阀芯上的液压作用力与弹簧力相平衡的原理进行工作。

一、溢流阀

溢流阀是通过其阀口的溢流，使被控系统或回路的压力维持恒定，从而实现稳压、调压或限压作用。溢流阀按其结构和工作原理分为直动式溢流阀和先导式溢流阀。

1. 结构组成及工作原理

（1）直动式溢流阀

图 4-17 所示为 P 型直动式低压溢流阀结构及其职能符号。该阀由阀体 5、阀芯 4、调压弹簧 2、调节螺母 1 及上盖 3 等主要件组成，油口 P 和 T 分别为进油和回油口。

溢流阀的作用是在溢流的同时定阀的入口压力，并将该压力稳定为常值，简称为定压、稳压。来自泵的油液，从进油口 P，经阀芯 4 的径向孔 E、轴向小孔，进入阀芯 4 下端的敏感腔 D，并对阀芯 4 产生向上的推力。当进油压力较低、向上的推力还不足以克服弹簧 2 的

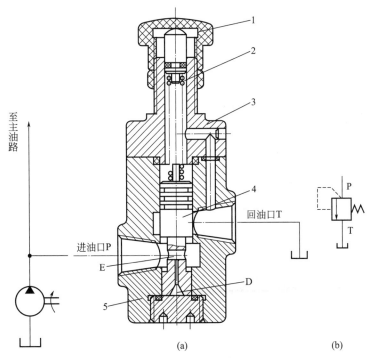

图 4-17 P 型直动式低压溢流阀结构及其职能符号
1—调节螺母；2—调压弹簧；3—上盖；4—阀芯；5—阀体

作用力时，阀芯处于最下端位置，将 P 口、T 口隔断，阀口关闭。由于泵的流量不断输入（此时主油管路没有流量），因而入口油压不断增高，D 腔的油压同时也等值增高。当敏感腔 D 内的油压力增高到大于弹簧 2 的作用力时，阀芯被顶起，并停止在某一平衡位置上。这时 P 口、T 口接通，油液从回油口 T 排回油箱，实现溢流。而阀入口、D 腔处油压不再增高，且与此时的弹簧力相平衡，为某一确定的常值，这就是定压原理。溢流阀的稳压作用是指，在工作过程中由于某种原因（如负载的突然变化）引起溢流阀入口压力发生波动时，经过阀本身的调节，能将入口压力很快地调回到原来的数值。例如溢流阀入口压力为某一初始定值 p_1，当入口油压突然升高时，D 腔油压也等值、同时升高，这样就破坏了阀芯初始的平衡状态，阀芯上移至某一新的平衡位置，阀口开度加大，将油液多放出去一些（即阀的过流量增加），因而使瞬时升高的入口油压又很快降了下来，并基本上回到原来的数值。反之，当入口油压突然降低（但仍然大于阀的开启压力）时，D 腔油压也等值、同时降低，于是阀芯下移至某一新的平衡位置，阀口开度减少，使油液少流出去一些（阀的过流量减少），从而使入口油压又升上去，即基本上又回升到原来的数值，这就是直动式溢流阀的稳压过程。

　　由上述定压、稳压的过程不难看出，调节螺母 1 改变调压弹簧 2 的预紧力，可改变顶起阀芯的油压力（称为阀的开启压力），也就改变了阀入口的定压值。故溢流阀弹簧的调定（调整）压力就是溢流阀入口压力的调定值。

　　（2）先导式溢流阀

　　图 4-18 为 Y 型先导式溢流阀结构及其职能符号。它由先导阀（简称导阀）和主阀两部分组成。导阀部分由螺母 1、调压弹簧 2、导阀芯（锥阀）3、导阀座 4、导阀体 5 等组成；主阀部分主要由主阀弹簧（平衡弹簧）6、主阀芯 7、主阀体 8 等组成。

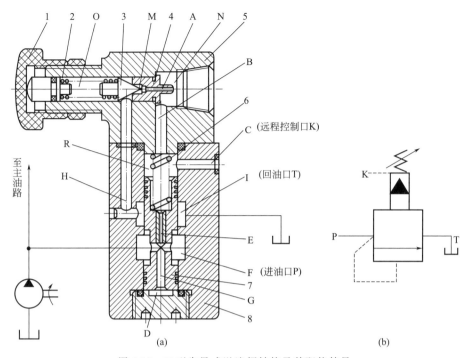

图 4-18　Y 型先导式溢流阀结构及其职能符号

1—调节螺母；2—调压弹簧；3—导阀芯；4—导阀座；5—导阀体；6—主阀弹簧；7—主阀芯；8—主阀体

　　先导式溢流阀和直动式溢流阀的作用是相同的，即在溢流的同时定压和稳压。在图 4-18 中，压力油从 P 口进入 F 腔后，一方面经主阀芯 7 的径向孔道、从轴向孔道 G 进入主阀芯 7 的底部敏感腔 D、并作用于主阀芯 7 的下端，同时又经主阀芯中间的阻尼孔 E。进入并充满主阀芯上腔 R、孔道 B、油腔 N、导阀前腔 M，并作用于主阀芯 7 的上端和导阀芯 3 的锥面上。由于油腔 M、N、R、D 形成一个密闭的容积（腔），所以腔内各点的压力（根据帕斯卡定律）均相等，并都等于阀的入口油压。当入口油压较低时，导阀前腔 M 的油压对导阀芯向左的推力还不能克服导阀芯左侧的弹簧力，先导阀处于关闭状态，没有油液流经阻尼孔 E。这时，主阀芯 7 上下两端的油压相等，主阀芯 7 在主阀弹簧 6 的作用下处在最下端位置，隔断了油腔 F 和油腔 I 的通道，溢流阀阀口关闭。当入口油压升高，使 M 腔的油压足以克服调压弹簧 2 的作用力时，导阀芯开启（经过一段振荡过程后停在某一平衡位置上），压力油便经阻尼孔 E，油腔 R、N，阻尼孔 A，油腔 M，导阀阀口、油腔 O、孔道 H、回油口 T 流向油箱。由于油液流过阻尼孔 E 后要产生压力降，所以主阀芯 7 上端的油压低于阀的入口，亦即低于主阀芯 7 下端的油压。当这个压力差较小、不足以克服主阀弹簧 6 的作用力时，主阀芯仍在最下端。随着阀入口油压的不断升高，这个压力差也提高。当这个压力差超过主阀芯 7 的重力、摩擦力和主阀弹簧 6 作用力之和时，主阀芯抬起，上升到某一平衡位置。与此同时，阀的进油腔 F 和回油腔 I 接通，压力油便从主阀口排出到油箱，实现溢流。此后，溢流阀入口油压不再升高，其值为与此时调压弹簧 2 的预紧力相对应的某一确定值。如果调节螺母 1 改变调压弹簧 2 的预紧力，溢流阀的入口压力（调定压力）也随之变化。这就是先导式溢流阀的定压过程。其稳压过程与直动式溢流阀相同，故不赘述。

　　先导式溢流阀主阀体 8 上有个远程控口 K，K 口通过孔道 C 与主阀上腔 R 相通，其作用有两个。一是从 K 口接出管道和远程调压阀相连（远程调压阀的结构和先导式溢流阀的导阀部分相同），调节远程调压阀可进行远程调压；此时远程调压阀和溢流阀的导阀并联于同一主阀体；二者只有调定压力较小者才能被压力油顶开，对溢流阀入口起定压作用，因此远程调压阀调压范围的最大值不能超过溢流阀本身的调定值。二是使 K 口经管道和油箱相通，这样主阀上腔 R 的油压便可降得很低，由于主阀弹簧 6 很软，所以溢流阀入口的油液能以较低的压力顶开主阀芯，实现溢流，这一作用可使主油路卸荷。先导式溢流阀的职能符号与直动式相同，如图 4-18（b）所示。

2. 溢流阀的应用

（1）溢流调压作用

在采用定量泵供油的液压系统中，若由流量控制阀调节进入执行元件的流量，定量泵输出的多余油液则从溢流阀口溢回油箱。在工作过程中溢流阀处于其调定压力下的溢流阀口常开状态，系统的工作压力由溢流阀调整并保持基本恒定，如图 4-19 所示。

（2）安全保护作用

如图 4-20 所示系统中，执行元件速度由变量泵自身调节，系统中无多余油液需要溢出，系统工作压力随负载变化而变化。正常工作时，溢流阀口关闭。一旦过载，溢流阀口立即打开，使油液流回油箱，系统压力不再升高，以保障系统安全。这种溢流阀常称为安全阀。

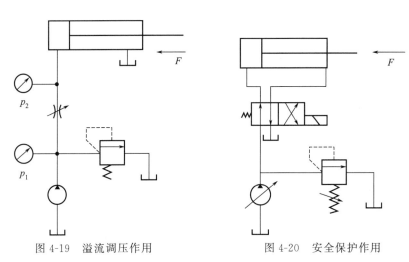

图 4-19　溢流调压作用　　　　　图 4-20　安全保护作用

（3）背压阀作用

如图 4-21 所示，将溢流阀安置在液压缸的回油路上，可对回油产生阻力，在回油腔形成背压，背压力可通过溢流阀调定。利用背压可以提高执行元件的运动平稳性。

（4）卸荷阀作用

如图 4-22 所示，将先导式溢流阀远程控制口 K 通过二位二通电磁换向阀与油箱连接。当电磁铁断电时，远程控制口被堵塞，溢流阀起溢流稳压作用；当电磁铁通电时，远程控制口 K 通油箱，先导式溢流阀的主阀阀芯上端接近于零，此时溢流阀口全开，回油阻力很小，泵输出的油液便在低压下经溢流阀口流回油箱，液压泵卸荷，从而减小系统功率损失，故溢流阀起卸荷作用。

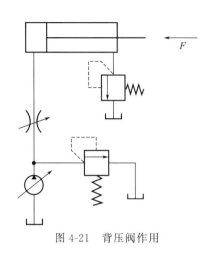

图 4-21 背压阀作用

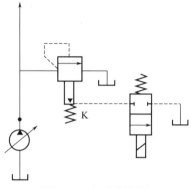

图 4-22 卸荷阀作用

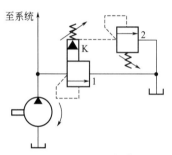

图 4-23 远程调压阀作用

（5）远程调压阀作用

如图 4-23 所示，将先导式溢流阀的控制口 K 接远程调压阀，当主溢流阀的调定压力高于远程调压阀的调定压力时，液压泵的压力即可由阀 2 进行远程调节。这里远程调压阀仅用作调节系统压力，油液仍从主溢流阀 1 溢回油箱。这种阀常用于试验机的加载系统。

二、减压阀

在液压系统中，常由一个液压泵向几个执行元件供油。当某一执行元件需要比泵的供油压力低的稳定压力时，在该执行元件所在的支路上就需要使用减压阀。按调节性能的不同，减压阀又分为定值减压阀、定比减压阀和定差减压阀。其中定值减压阀应用最广，以下以介绍定值减压阀为主。

1. 结构组成及其工作原理

减压阀也分为直动式和先导式两种，先导式性能较好，应用较多。图 4-24 为 J 型先导式中压减压阀结构及职能符号。它由导阀和主阀两部分组成。导阀 3 在调压弹簧 2 的作用下，紧压在导阀座 4 上，调节螺母 1 可改变弹簧 2 对导阀作用的预紧力。主阀芯 8 在主阀弹簧 9 的作用下处在主阀体 6 的最下端，主阀弹簧 9 很软（刚度很小），其作用是克服摩擦力，将主阀芯压向最下端。减压阀的作用有两个：一是将较高的入口压力（通常称为一次压力）p_1 减低为较低的出口压力（通常称为二次压力）p_2；二是保持 p_2 的稳定。简单说，就是减压和稳压。

（1）减压阀的启动和减压

如图 4-24（a）所示，来自泵（或其他油路）的油液从减压阀的入口进入孔道 D，并经减压阀阀口进入孔道 F。孔道 F 的油液一部分经出口流向减压阀的负载；另一部分经主阀芯 8 下端的阻尼孔 E 进入敏感腔 Q，并作用于主阀芯 8 的下端，同时经主阀芯 8 进入主阀芯的上腔 R、油腔 N，并经导阀前腔阻尼孔 A 进入导阀前腔 M，作用于导阀的锥面上。当减压阀的负载较小时，二次压力 p_2 较小，作用于导阀锥面上的油压力还不足以克服导阀弹簧的作用力，导阀处于关闭状态，阻尼孔 E 中没有液体流动。此时敏感腔 Q、主阀上腔 R、油腔 N

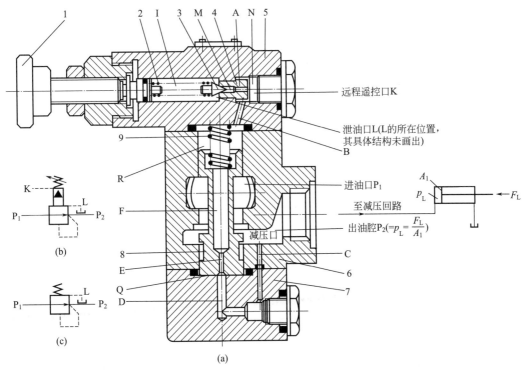

图 4-24　J 型先导式中压减压阀结构及职能符号

1—调节螺母；2—调压（导阀）弹簧；3—导阀；4—导阀座；5—导阀体；6—主阀体；
7—端盖；8—主阀芯；9—主阀弹簧

和导阀前腔 M 形成了一个密闭的容腔，根据帕斯卡定律，腔内各点压力都相等（都等于减压阀出油口压力 p_2），因而主阀芯上下端油压相等，主阀芯在主阀弹簧 9 的作用下处在最下端，减压阀口开度最大，不起减压作用。因此此时减压阀入口油压与出口油压基本相等，即 $p_1 \approx p_2$。当减压阀负载增加，压力 p_2 也随之增加，直到使作用于导阀锥面上的液压力足以克服调压弹簧 2 的作用力时，导阀打开，减压阀出口的油液便经阻尼孔 E、上腔 R、导阀体 5 中的孔道 B、油腔 N、阻尼孔 A、导阀前腔 M、导阀阀口、油腔 I、导阀体 5 中的孔道 C 排回油箱。因液体流经阻尼孔 E 时产生压力降，所以此时主阀芯上腔的压力低于其下端敏感腔 Q 的压力，在上下压差还不足以克服主阀弹簧力时，主阀芯仍处在最下端位置，减压阀口开度仍然最大，$p_2 \approx p_1$。由于入口的流量不断输入，而先导阀阀口排出的流量又很有限，故使减压阀出口油压憋高，主阀芯上下压差加大。当该压差大于主阀弹簧 9 的作用力（严格说还应包括摩擦力和阀芯的重力）时，主阀芯抬起，并平衡在某一位置上，因而使阀口关小，对液流减压。这时出口压力 p_2 为与调压弹簧 2 的预紧力相对应的某一确定值。与此同时，减压阀入口油压 p_1 因减压阀口关小，也很快将压力憋高并达到主油路溢流阀的调定压力值 p_n，即 $p_1 = p_n$。这样，减压阀便启动完毕，进入正常工作状态，即将较高的一次压力 p_1 减低成较低的二次压力 p_2。

（2）减压阀的稳压

减压阀在工作中的稳压作用包括两个方面。一方面，当减压阀的出口压力 p_2 突然增加（或减小）时，主阀芯下端敏感腔 Q 的压力也等值同时增加（或减小），这样就破坏了主阀的平衡状态，使阀芯上移（或下移）至一新的平衡位置，阀口关小（或开大），减压作用增强（或削弱），一次压力 p_1 经阀口后被多减（或少减）一些，从而使得瞬时升高（或降低）的二次压力 p_2 又基本上降回（或上升）到初始值上。另一方面，当减压阀入口压力 p_1 突然增加（或减小）时，因主阀芯尚未调节，二次压力 p_2 也随之突然增加（或减小），这样就破坏了主阀芯的平衡状态，使阀芯上移（或下移）至一新的平衡位置，阀口关小（或开大），减压作用增强（或削弱），一次压力 p_1 经减压阀口后被多减（或少减）一些，从而使瞬时升高（或降低）的二次压力 p_2 又基本上回到初始数值上。

应当指出的是，为使减压阀稳定地工作，减压阀的进、出口压差必须大于0.5MPa。另外，有些减压阀也有类似于先导式溢流阀的远程控制口，用来实现远程控制。其工作原理与Y型溢流阀的远程控制相同。

对比先导式溢流阀和先导式减压阀，它们有如下几点不同之处。

① 减压阀保持出口压力基本不变，而溢流阀保持进口压力基本不变。

② 不工作时，减压阀进出口互通，而溢流阀进出口不通。

③ 减压阀导阀的泄漏量是经油管从阀体外引回油箱的，而溢流阀是在阀体内部经阀的出油口泄回油箱的。

2. 减压阀的应用

减压阀在夹紧系统、控制系统和润滑系统中应用最多。图4-25所示是减压阀用于夹紧油路的原理图。液压泵除供给主油路压力油外，还经分支油路上的减压阀，为夹紧缸提供较液压泵供油压力低且更稳定的压力油，其夹紧压力大小由减压阀来调节控制。

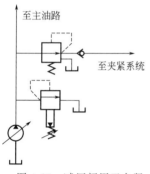

图4-25 减压阀用于夹紧油路的原理图

三、顺序阀

顺序阀是把压力作为控制信号，自动接通或切断某一油路，控制执行元件做顺序动作的压力阀。

按控制方式不同，顺序阀可分为内控式和外控式。内控式是直接利用阀进口处的油压力来控制阀口的启闭；外控式是利用外来的控制油压控制阀口的启闭，故也称为液控式。通常所说的顺序阀都指的是内控式。按结构不同，顺序阀有直动式和先导式两种。目前应用较多的是直动式顺序阀。

1. 结构和工作原理

（1）直动式

图4-26为直动式顺序阀结构及其职能符号。从图中可以看出，直动式顺序阀与直动式低压（P型）溢流阀相似。其主要差别是：顺序阀的出油口与负载相连接，而溢流阀的出油口直接接油箱；顺序阀的泄漏油单独接油箱，而溢流阀的泄漏油则经阀的内部孔道与回油腔相通。当顺序阀的进油口压力低于其调压弹簧的调定压力时，阀口关闭；当进油口压力超过弹簧的调定压力时，阀口开启，接通油路，使其下游的执行元件动作。调节调压弹簧的预紧力可调节顺序阀的开启压力。

顺序阀按其泄油方式不同，又有外泄、内泄之分，图4-26(a)所示为内控外泄式。外泄式应用于顺序阀工作时接通下一个压力回路的工况，此时采用外泄式可大大减少控制功率的损耗。若将上盖转180°，便由外泄式变为内泄式，此时泄漏油液随同顺序阀二次出油口的回油一起流回油箱（而不是压力回路），因此内泄式应用于顺序阀作卸荷阀用的工况。

如上所述，若将下盖的外控口K堵死时，则成为内控式内泄或外泄顺序阀；若将下盖

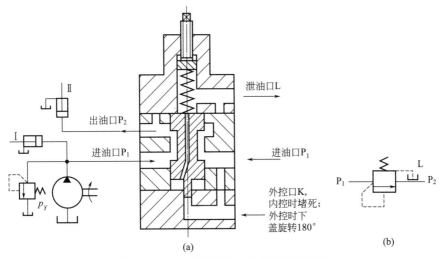

图 4-26　直动式顺序阀结构及其职能符号

转 180°，并将外控口 K 接通控制油路，便成了外控（液控）式内泄或外泄顺序阀。图 4-27 为两种控制方式、两种泄油方式的直动式顺序阀的职能符号图。

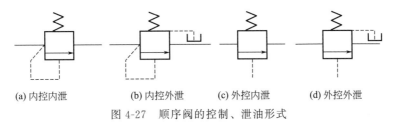

(a) 内控内泄　　　(b) 内控外泄　　　(c) 外控内泄　　　(d) 外控外泄

图 4-27　顺序阀的控制、泄油形式

图 4-28 为直动式单向顺序阀结构及其职能符号。该阀由直动式顺序阀和一单向阀反向并联而成。当油液从 P_1 口进入时，单向阀关闭，在进口油压超过调压弹簧的调定值时，顺序阀打开，油液从 P_2 口流出；当油液反向进入时，经单向阀从 P_1 口流出。

如前所述，当把上盖转 180°时，由外泄变成内泄；当把下盖外控口 K 堵死时，为内控；

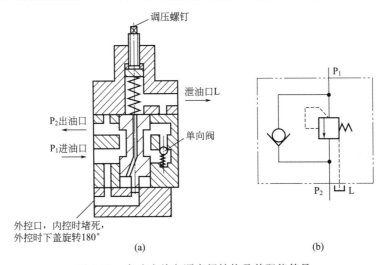

图 4-28　直动式单向顺序阀结构及其职能符号

当把下盖转 180°时，变为外控式。

（2）先导式

图 4-29 为先导式顺序阀结构及其职能符号。其结构和工作原理与先导式溢流阀相似。当压力油从进油腔进入后，经孔道 A 和 B、阻尼孔 3、导阀前腔阻尼孔进入导阀前腔 M 并作用于导阀锥面上。当进油压力 p_1 大于导阀的调定压力 p_x 时，主阀芯 2 开启，接通二次油路；当把遥控腔 K 接通远程调压阀时，便可实现该阀的远程调压控制；当把阀盖 4 转 180°时，通过外控口 K′便可实现该阀的外控（液控）。导阀的泄漏油液通过外泄油口 L 经泄油管直接引回油箱。与先导式溢流阀相似，先导式顺序阀更适用于高压系统，压力的稳定性也高于直动式。

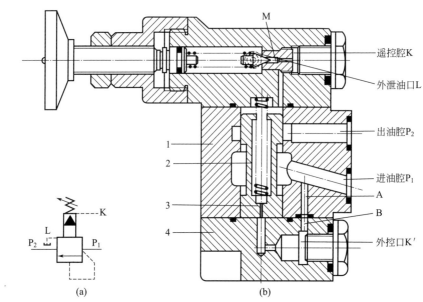

图 4-29　先导式顺序阀结构及其职能符号

1—阀体；2—主阀芯；3—阻尼孔；4—阀盖

2. 顺序阀的应用

直动式顺序阀多应用于低压系统；先导式则多应用于中、高压系统。其应用场合如下：

① 用以实现多缸的顺序动作；

② 作背压阀用；

③ 和单向阀组合成单向顺序阀，在平衡回路中保持垂直设置的液压缸不致因自重而下落，起到平衡阀的作用；

④ 将液控顺序阀的出口通油箱，做卸荷阀用（详见第六章）。

四、压力继电器

压力继电器是一种将油液的压力信号转换成电信号的电液控制元件。当油液压力达到压力继电器的调定压力时，即发出电信号，以控制电磁铁、电磁离合器、继电器等元件动作，使油路卸压、换向，执行元件实现顺序动作，或关闭电动机，使系统停止工作，起安全保护作用等。任何压力继电器都是由压力-位移转换装置和微动开关两部分组成的。按压力-位移转换装置的结构划分，有柱塞式、弹簧管式、膜片式和波纹管式四类。

图 4-30 为薄膜式压力继电器结构及职能符号。这种压力继电器的控制油口 K 和液压系统相连。压力油从控制口 K 进入后作用于橡胶薄膜 11 上。当油压力达到弹簧 2 的调定值时，压力油通过薄膜 11 使柱塞 10 上升，柱塞 10 压缩弹簧 2 一直到坐垫 4 的肩部，碰到套 3 的台肩为止。与此同时，柱塞 10 的锥面推动钢球 7 和 6 作水平移动，钢球 6 使杠杆 13 绕轴 12 转动，杠杆的另一端压下微动开关 14 的触头，接通或切断电路，发出电信号。调节螺钉 1 可以调节弹簧 2 的预紧力，从而可调节发出电信号时的油压。当系统压力即控制油口 K 的油压降低到一定值时，弹簧 2 通过钢球 5 把柱塞 10 压下，钢球 7 依靠弹簧 9 使柱塞定位，微动开关触头的弹力使杠杆 13 和钢球 6 复位，电气信号撤销。钢球 7 在弹簧 9 的作用下使柱塞 10 与柱塞孔之间产生一定的摩擦力，当柱塞上移（微动开关闭合）时，摩擦力与油压力方向相反；当柱塞下移（微动开关断开）时，摩擦力与油压力方向相同。因此，使微动开关断开时的压力比使它闭合时的压力低。用螺钉 8 调节弹簧 9 的作用力，可改变微动开关闭合和断开之间的压力差值。螺钉 15 用于调节微动开关与杠杆之间的相对位置。

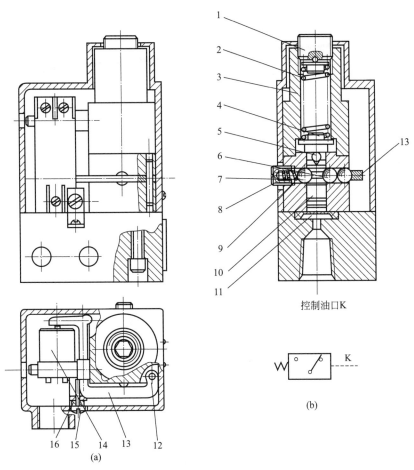

图 4-30　薄膜式压力继电器结构及职能符号

1—调节螺钉；2—弹簧；3—套；4—坐垫；5～7—钢球；8—螺钉；9—弹簧；10—柱塞；
11—橡胶薄膜；12—轴；13—杠杆；14—微动开关；15—螺钉；16—垫圈

压力继电器在装备液压系统中应用比较广泛，例如液压系统的顺序控制、安全控制及卸荷控制等。

第三节　流量控制阀

液压系统中执行机构运动速度的大小由输入执行机构的流量来确定。控制油液流量的液压阀，统称流量控制阀。常用的流量控制阀有节流阀、调速阀、分流阀以及由它们组成的组合阀等。其工作的共同特点都是依靠改变阀的节流口过流面积的大小或液流通道的长短来调节液流液阻的大小，从而控制流量阀的流量。流量控制阀经常在定量泵系统中，与溢流阀一起组成节流调速系统，以调节执行元件的运动速度。

一、节流口的流量特性与型式

1. 节流口的流量特性

节流口的流量决定于节流口的结构型式。第一章介绍了小孔按照长径比可分为薄壁小孔、短孔、细长孔三种类型。其流量可由式(1-29)进行计算。并由此获得图4-31所示的节流阀特性曲线图。

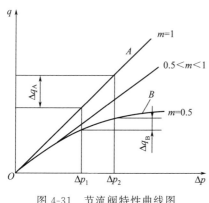

图 4-31　节流阀特性曲线图

由图4-31可知：

① 压差对流量的影响：节流阀两端压差 Δp 变化时，通过它的流量要发生变化，三种结构的节流口中，通过薄壁小孔的流量受到压差改变的影响最小。

② 温度对流量的影响：油温影响油液黏度。对于细长小孔，油温变化时，流量也会随之改变；对于薄壁小孔，黏度对流量几乎没有影响，故油温变化时，流量基本不变。

③ 节流口的堵塞：节流阀的节流口可能因油液中的杂质或由于油液氧化后析出的胶质、沥青等而局部堵塞，这就改变了原来节流口通流面积的大小，使流量发生变化，尤其是当开口较小时，这一影响更为突出，严重时会完全堵塞而出现断流现象。因此节流口的抗堵塞性能也是影响流量稳定性的重要因素，尤其会影响流量阀的最小稳定流量。一般节流口通流面积越大、节流通道越短、水力直径越大，越不容易堵塞，当然油液的清洁度也对堵塞产生影响。一般流量控制阀的最小稳定流量为 0.05L/min。

综上所述，为保证流量稳定，节流口的形式以薄壁小孔较为理想。

2. 常见节流口的型式

节流口是流量阀的关键部位，节流口型式及其特性在很大程度上决定了流量阀的性能。几种常用节流口型式如图4-32所示。

① 针阀式节流口[图4-32(a)]。针阀做轴向移动，即可改变环形节流口的大小以调节流量。这种结构简单，但节流口长度大，易阻塞，流量受温度影响较大。一般用于对性能要求不高的场合。

② 偏心式节流口[图4-32(b)]。这种形式的节流口在阀芯上开了一个截面为三角形（或矩形）的偏心槽，当转动阀芯时，就可以通过改变节流口的大小来调节流量。这种节流口的性能与针阀式节流口相同，容易制造，但阀芯上的径向力不平衡，旋转阀芯时较费力，一般

用于压力较低、流量较大和流量稳定性要求不高的场合。

③ 轴向三角槽式节流口［图 4-32(c)］。在阀芯端部开有一个或两个三角槽，轴向移动阀芯就可以改变三角槽通流面积，从而调节流量。这种节流口水力半径较大，小流量时稳定性较好。当三角槽对称布置时，液压径向力平衡，因此适用于高压系统。

④ 周边缝隙式节流口［图 4-32(d)］。这种节流口在阀芯上开有狭缝，油液可以通过狭缝流入阀芯内孔，再经左边的孔流出，旋转阀芯可以改变缝隙节流口的大小而调节流量。周边缝隙式节流口可以做成薄刃结构，从而获得较小的最小稳定流量，但阀芯受径向不平衡力，故只在低压节流阀中采用。

⑤ 轴向缝隙式节流口［图 4-32(e)］。在套筒上开有轴向缝隙，轴向移动阀芯就可以变化缝隙的通流面积大小。这种节流口可以做成单薄刃或双薄刃式结构，因此流量对温度变化不敏感。此外，这种节流口水力半径大，小流量时稳定性好，可用于性能要求较高的场合。

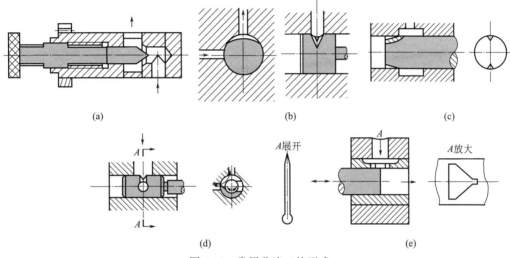

图 4-32　常用节流口的型式

二、普通节流阀

1. 结构及工作原理

图 4-33 所示是普通节流阀结构及职能符号。该阀采用轴向三角槽式节流口［图 4-32(c)］，主要由阀体 1、阀芯 2、推杆 3、手把 4 和弹簧 5 等件组成。油液从进油口 P_1 流入，经孔道、节流阀阀口、孔道 B，从出油口 P_2 流出。调节手把 4 借助推杆 3 可使阀芯 2 做轴向移动，改变节流口过流断面积的大小，达到调节流量的目的。阀芯 2 在弹簧 5 的推力作用下，始终紧靠在推杆 3 上。

2. 流量特性

普通节流阀的流量公式即为式(1-29)。节流阀的流量不仅受其过流截面的影响，也受其前后压差的影响。在液压系统工作时，因外界负载的变化将引起节流阀前后压差的变化，所以负载变化将直接影响节流阀流量即系统速度的稳定性。

3. 最小稳定流量及其物理意义

节流口的堵塞将直接影响流量的稳定性，节流口调得越小，越易发生堵塞现象。节流阀的最小稳定流量是指在不发生节流口堵塞现象条件下的最小流量。这个值越小，说明节流阀节流口的通流性越好，允许系统的最低速度越低。在实际操作中，节流阀的最小稳定流量必须小于系统的最低速度所决定的流量值，这样系统在低速工作时，才能保证其速度的稳定性。这就是节流阀最小稳定流量的物理意义，亦是选用节流阀的原则之一。

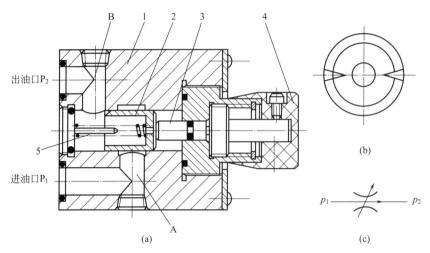

图 4-33　普通节流阀结构及其职能符号
1—阀体；2—阀芯；3—推杆；4—手把；5—弹簧

4. 应用

节流阀的主要作用是在定量泵的液压系统中与溢流阀配合，组成节流调速回路，即进口、出口和旁路节流调速回路，调节执行元件的速度；或者与变量泵和安全阀组合使用。节流阀也可做背压阀用。

三、调速阀

由节流阀的流量特性可以看出，节流阀的开口调定后，通过节流阀的流量是随负载的变化而变化的，因而造成执行元件速度的不稳定。所以节流阀只能应用于负载变化不大，速度稳定性要求不高的液压系统中。当负载变化较大，速度稳定性要求又较高时，应采用调速阀。

1. 结构和工作原理

图 4-34 所示为调速阀结构及其职能符号。调速阀是由一定差减压阀和一普通节流阀串联成的组合阀。其工作原理是利用前面的减压阀保证后面节流阀的前后压差不随负载而变化，进而保持速度的稳定。当压力为 p_1 的油液流入时，经减压阀阀口 H 后压力降为 p_2，并又分别经孔道 B 和 F 进入油腔 C 和 E。减压阀出口即 D 腔，同时也是节流阀 2 的入口。

油液经节流阀后，压力由 p_2 降为 p_3，压力为 p_3 的油液一部分经调速阀的出口进入执行元件（液压缸），另一部分经孔道 G 进入减压阀芯 1 的上腔 A。调速阀稳定工作时，其减压阀芯 1 在 A 腔的弹簧力、压力为 p_3 的油压力和 C、E 腔的压力为 p_2 的油压力（不计液动力、摩擦力和重力）的作用下，处在某个平衡位置上。当负载 F_L 增加时，p_3 增加，A 腔的液压力亦增加，阀芯下移至一新的平衡位置，阀口 H 增大，其减压能力降低，使压力为 p_1 的入口油压少减一些，故 p_2 值相对增加。所以，当 p_3 增加时，p_2 也增加，因而差值 $(p_2 - p_3)$ 基本保持不变，反之亦然。于是通过调速阀的流量不变，液压缸的速度稳定，不

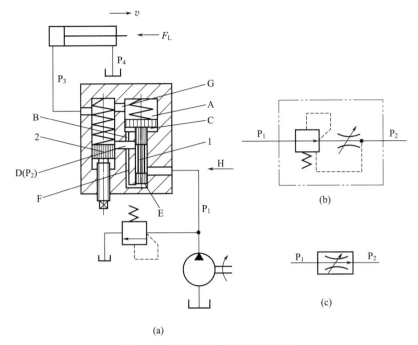

图 4-34 调速阀结构及其职能符号

1—减压阀芯；2—节流阀

受负载变化的影响。图 4-34（b）为调速阀的职能符号，图 4-34（c）为其简化符号。

2. 静特曲线

图 4-35 为调速阀与普通节流阀相比较的静特性，即阀两端的压差 Δp 与阀的过流量 Q 的关系曲线。可见，在压差较小时，调速阀的性能与普通节流阀相同，即二者曲线重合。这是由于较小的压差不能使调速阀中的减压阀芯抬起，减压阀芯在弹簧力的作用下处在最下端，阀口最大，不起减压作用，整个调速阀相当于节流阀的结果。因此，调速阀正常工作时必须保证其前后压差至少为 $0.4\sim0.5$MPa，即 $\Delta p_{min}=0.4\sim0.5$MPa。

3. 应用

调速阀的应用与普通节流阀相似，即与定量

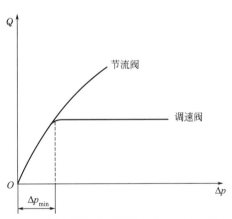

图 4-35 调速阀与普通节流阀相比较的静特性

泵、溢流阀配合，组成节流调速回路；与变量泵配合，组成容积节流调速回路等。与普通节流阀不同的是，调速阀应用于速度稳定性要求较高的液压系统中。

四、同步阀

同步阀根据用途不同，可分为分流阀、集流阀和分流集流阀三种。在液压系统中，分流阀能将压力油按一定流量比率分配给两个液压缸或液压马达，而不管它们的载荷怎样变化。集流阀则相反，能将压力不同的两个分支管路的流量按一定的比率汇集起来。兼有分流阀和集流阀机能的就叫作分流集流阀。职能符号如图 4-36 所示。

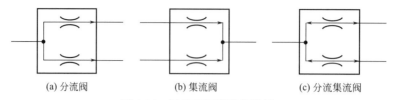

(a) 分流阀　　　　　(b) 集流阀　　　　　(c) 分流集流阀

图 4-36　同步阀图形职能符号

同步阀根据流量比率的不同，又可分为等量式和比例式两种。等量式同步阀目前应用较多，用以将液压泵的流量一分为二，或者使两液压缸或液压马达排出的流量相等，从而实现两个液压缸或液压马达运动速度的同步。图 4-37 为等量分流时的工况图：压力为 p 的油流从油口进入中间容腔后，分两路分别经过固定节流孔 A 和 B 而进入环槽 G 和 H，最后经过两个可变节流孔 C 和 D，从 A'、B' 口流出。阀芯可以在阀体内自由轴向移动，其上有两个轴向孔分别将 E、H、G、F 腔沟通。

由于阀芯的尺寸是严格控制的，并且左右对称，固定节流孔 A 和 B 大小相等。因此当两边出口的负载压力 p_A 和 p_B 相等时，两边油路完全对称，阻力相同，两边流量相等。

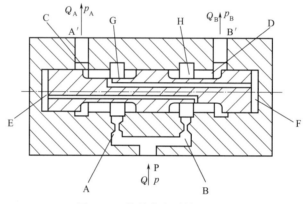

图 4-37　等量分流时的工况图

实际上，阀在工作时两边出口的负载压力往往不等，例如某时刻 $p_A > p_B$，这时如果阀芯处于中间位置不动，那么从 B' 口流出的流量 Q_B 就要比出口 A' 流出的流量 Q_A 多，从而通过固定节流孔 A 和 B 所造成的压力降 $(p - p_G)$ 和 $(p - p_N)$ 就不相等，使 $p_G > p_N$，阀芯受力不平衡，阀芯左移，将可变节流口 D 逐渐关小，C 则相应增大，使 p_N 增加，p_G 减小，直到 $p_G = p_H$。阀芯在新的位置上达到平衡状态。两个固定节流孔际前后的压力差 $(p - p_G)$ 和 $(p - p_N)$ 相等，因此维持 $Q_A = Q_B$。集流阀工作原理与分流时相似。

同步阀的压力损失（相对于载荷较大的那一边而言）为 $0.5 \sim 1 \mathrm{MPa}$，同步阀精度为 $2\% \sim 3\%$。

第四节　电液比例控制阀

电液比例控制阀，简称比例阀。与伺服阀一样，比例阀也是一种按输入的电气信号连续地、按比例地对液压系统的压力、流量或方向进行远距离控制的阀，比例阀改变电流大小，便能改变输出压力、流量和方向。

与手动调节的普通开关式液压阀相比，电液比例控制阀能够提高液压系统参数的控制水平；与电液伺服阀相比，电液比例控制阀在某些性能方面稍差一些，但它结构简单、成本低，对油液的清洁度要求也不太高，所以它广泛应用于要求对液压参数进行连续控制或程序控制，但对控制精度和动态特性要求不太高的液压系统中，而这类液压系统在武器装备中的实际需求是很多的。

一、构成

比例控制阀由两部分组成：电-机械转换器、液压部分。前者可以将电信号成比例地转换成机械力与位移，后者接受这种机械力和位移后可按比例地、连续地提供油液压力、流量等的输出，从而实现电-液两个参量的转换过程。从原理上讲，比例阀只不过是在普通液压阀上装上一个比例电磁铁，以代替原有手调或普通电磁铁的控制部分而已，阀的其他部分与普通液压阀完全相同。简言之，比例阀包括用电调代替手调的比例电磁铁部分和液压阀两大部分。

二、分类

根据用途和工作特点的不同，电液比例控制阀可以分为比例压力阀、比例流量阀和比例方向阀三大类。比例方向阀是一种既能调节流量又能控制方向，参加全过程调节的液压元件；比例流量阀是一种借助于输入模拟电信号来控制比例流量的液压元件；比例压力阀是一种借助于模拟电信号对系统压力进行比例控制的液压元件。

三、电磁比例溢流阀

如图4-38所示，图中4为主阀芯；6为导阀座。它由直流比例电磁铁（又称电磁式力马达）和先导式溢流阀组成，是一种电液比例压力阀。当电流（电信号）输入电磁铁1后，便产生与电流成比例的电磁推力，该力通过推杆2、弹簧3作用于导阀芯5上，这时顶开导阀芯所需的压力就是系统所调定的压力。因此，系统压力与输入电流成比例。如果输入电流按比例或按一定程序变化，则电磁比例溢流阀所控制的系统压力也按比例或按一定程序变化。

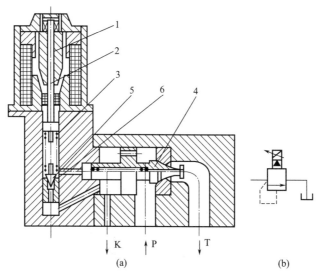

图4-38 电磁比例溢流阀结构及职能符号

1—电磁铁；2—推杆；3—弹簧；4—主阀芯；5—导阀芯；6—导阀座

比例溢流阀的应用很广，图 4-39 所示为各种装备液压系统经常采用的多级压力控制回路 [图 4-39(a)] 及改用比例压力阀后进行连续控制的实例 [图 4-39(b)]。图中表示的是三级压力控制，还可以有五级或更多级的控制。采用比例控制后，减少了液压元件，简化了管路，方便了安装、使用和维修，降低了成本，而且显著提高了控制性能，使原来溢流阀控制的压力调整由阶跃式变为比例阀控制的缓变式 [图 4-39(c)]，因此避免了压力调整引起的液压冲击和振动，提高了性能。

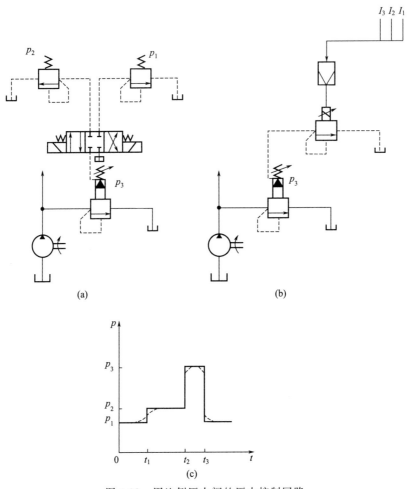

图 4-39　用比例压力阀的压力控制回路

习　　题

1. 什么是换向阀的"位"和"通"？换向阀有几种控制方式？
2. 若将先导式溢流阀的远程控油口误当成泄漏口接回油箱，系统会出现什么问题？
3. 减压阀的出口压力取决于什么？其出口压力为定值的条件是什么？
4. 哪些阀可以作背压阀用？哪种阀最好？单向阀当背压阀用时，需采取什么措施？
5. 二位四通电磁阀能否作二位三通或二位二通阀使用？具体接法如何？
6. 如图 4-40 所示，两个不同调定压力的减压阀串联后的出口压力决定于哪个减压阀？

为什么？两个不同调定压力的减压阀并联时，出口压力决定于哪一个减压阀？为什么？

7. 图 4-41 所示回路最多能实现几级调压？各溢流阀的调定压力 p_{Y1}、p_{Y2}、p_{Y3} 之间的大小关系如何？

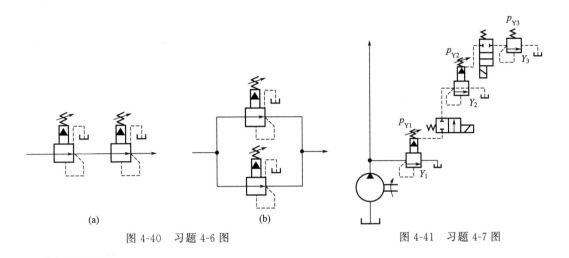

图 4-40　习题 4-6 图　　　　　　　　　图 4-41　习题 4-7 图

8. 图 4-42 所示为两个回路中各溢流阀的调定压力分别为 $p_{Y1}=3\mathrm{MPa}$，$p_{Y2}=2\mathrm{MPa}$，$p_{Y3}=4\mathrm{MPa}$。问在外载无穷大时，泵的出口压力 p_{p} 各为多少？

9. 一个夹紧回路如图 4-43 所示，若溢流阀的调定压力 $p_{Y}=5\mathrm{MPa}$，减压阀的调定压力 $p_{J}=2.5\mathrm{MPa}$。试分析活塞快速运动时，A、B 两点的压力各为多少？减压阀的阀芯处于什么状态？工件夹紧后，A、B 两点的压力各为多少？减压阀的阀芯又处于什么状态？此时减压阀阀口有无流量通过？为什么？

10. 节流阀最小稳定流量的物理意义是什么？影响节流阀最小稳定流量的主要因素有哪些？

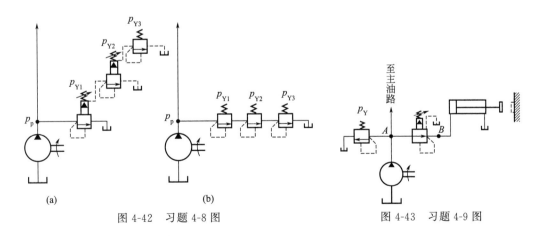

图 4-42　习题 4-8 图　　　　　　　　图 4-43　习题 4-9 图

第五章 装备液压辅助元件

液压辅助装置包括滤油器、蓄能器、压力计、密封件、热交换器、管件和油箱等。这些元件在液压系统中虽然只起到辅助作用，但是它们在系统中的数量最多（比如管道及接头）、分布极广（比如密封件）、影响极大（比如滤油器和密封件）。其中除油箱通常需要自行设计外，其余皆为标准件。没有辅助装置的液压系统是无法正常工作的，它们对系统的性能、效率、温升、噪音和寿命的影响很大。

第一节 滤油器

一、滤油器的作用及过滤精度

1. 滤油器的作用

液压系统中使用的油液难免要混入一些杂质、污物，使油液不同程度地污染。杂质和污物的存在，不仅会加速液压元件的磨损，擦伤密封件，而且会堵塞节流孔、卡住阀类元件，使元件动作失灵甚至损坏。一般认为液压系统故障的 75% 以上是油液中的杂质所致。因此，为了保证系统正常工作，提高其使用寿命，必须对油液中杂质和污物颗粒的大小及数量加以控制。滤油器的作用就是净化油液，使油液的污染程度控制在所允许的范围之内。

2. 过滤精度

任何滤油器，其工作原理都是依靠具有一定尺寸过滤孔的滤芯过滤污物的。滤油器的过滤精度是指从油液中过滤掉的杂质颗粒的大小。根据过滤精度，滤油器分为粗过滤、普通过滤、精过滤和超精滤油器四种，对应的能过滤掉的杂质颗粒的公称尺寸分别为 $100\mu m$ 以上，$10\sim100\mu m$，$5\sim10\mu m$ 和 $1\sim5\mu m$。

液压系统要求的过滤精度必须保证油液中所含杂质颗粒尺寸小于有相对运动的液压元件之间的配合间隙（通常为间隙的一半）或油膜厚度。系统压力越高，相对运动表面的配合间隙越小，要求的过滤精度就越高。因此，液压系统的过滤精度主要决定于系统的工作压力。压力与过滤精度推荐值见表 5-1。

表 5-1　压力与过滤精度推荐值

系统类别	润滑系统	传动系统			伺服系统
压力/MPa	0～2.5	≤14	4～21	>21	21
过滤精度/μm	100	25～50	25	10	5

二、滤油器的典型结构及特性

常用滤油器，按其滤芯的型式可分为网式、线隙式、纸芯式、烧结式、磁性式等。磁性式滤油器利用永久磁铁来吸附油液中的铁屑和带磁性的磨料，一般与其他滤油器组合使用。这里只重点介绍网式、线隙式、纸芯式和烧结式滤油器。

1. 网式滤油器

图 5-1 所示为网式滤油器结构，它由上盖 1、下盖 4、一层或几层铜丝网 2 以及四周开有若干个大孔的金属或塑料筒形骨架 3 等组成。

这种滤油器的过滤精度与网孔大小、铜网层数有关。用在压力管道上的铜网有 $80\mu m$（185 目，即每英寸长度上有 185 个网孔）、$100\mu m$（114 目）、$180\mu m$（82 目）三种标准等级，压力损失不超过 $0.25\times10^5 Pa$；用在液压泵吸油管路上的，过滤精度为 40（371 目）～$130\mu m$（114 目），压力损失不超过 $0.04\times10^5 Pa$。

网式滤油器的特点是：结构简单，通油能力大，压力损失小，清洗方便，但过滤精度低。主要用在泵的吸油管路上，以保护油泵。

2. 线隙式滤油器

图 5-2 所示为一种线隙式滤油器结构，它由端盖 1、壳体 2、带孔眼的筒形骨架 3 和绕在骨架 3 外部的铜线或铝线 4 组成。这种滤油器是利用线丝间的间隙过滤的，过滤精度决定于间隙的大小。工作时，油液从孔 A 进入滤油器内，经线间的间隙、骨架上的孔眼进入滤芯中，再由孔 B 流出。这种滤油器主要用在液压系统的压力管道上，其过滤精度有 $30\mu m$、$50\mu m$ 和 $80\mu m$ 三种精度等级，其额定流量为 6～25L/min。在额定流量下，压力损失为 $(0.3\sim0.6)\times10^5 Pa$。当这种滤油器装在液压泵的吸油管道上时，其额定流量应选得比泵的大些。

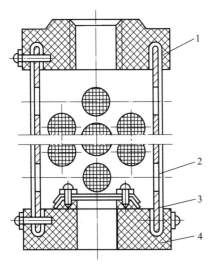

图 5-1　网式滤油器结构

1—上盖；2—铜丝网；3—筒形骨架；4—下盖

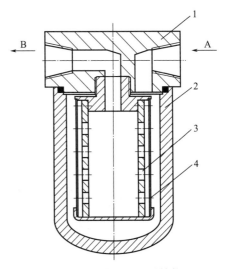

图 5-2　线隙式滤油器结构

1—端盖；2—壳体；3—筒形骨架；4—铜线（铝线）

线隙式滤油器的特点是：结构简单，通油性能好，过滤精度较高，所以应用较普遍。缺点是不易清洗。

3. 纸芯式滤油器

纸芯式滤油器以滤纸（机油微孔滤纸等）为过滤材料，把平纹或波纹过滤纸1绕在带孔的镀锡铁皮骨架2上制成滤（纸）芯（图5-3）。油液从滤芯外面经滤纸进入滤芯内，然后从孔道B流出。为了增加滤纸1的过滤面积，纸芯一般都做成折叠形。

这种滤油器的过滤精度有 $10\mu m$ 和 $20\mu m$ 两种规格，压力损失为 $(0.1\sim0.4)\times10^5 Pa$。其主要特点是过滤精度高，但堵塞后无法清洗，只能更换纸芯，一般用于需要精过滤的场合。

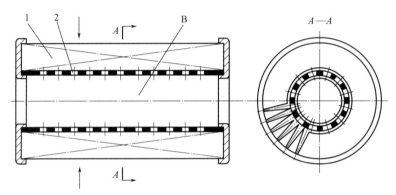

图 5-3 纸芯式滤油器的纸芯

1—过滤纸；2—骨架

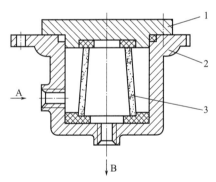

图 5-4 烧结式滤油器结构

1—端盖；2—壳体；3—滤芯

4. 烧结式滤油器

烧结式滤油器结构如图5-4所示，它是利用铜颗粒之间的微孔滤去油液中杂质的，其滤芯由颗粒状青铜粉压制后烧结而成。因此，过滤精度与微孔的大小有关。选择不同粒度的粉末制成不同壁厚的滤芯就能获得不同的过滤精度。在图5-4中，油液从A孔进入，经滤芯3后由孔B流出。这种滤油器的过滤精度在 $10\sim100\mu m$ 之间，额定流量为 $5\sim25 L/min$，压力损失为 $(0.3\sim2)\times10^5 Pa$。

烧结式滤油器的特点是滤芯能烧结成各种不同的形状，且强度大、抗腐蚀性好、制造简单、过滤精度高，适用于精过滤；缺点是颗粒容易脱落，堵塞后不易清洗。

三、滤油器上的堵塞指示装置

图5-5所示为滑阀式滤油器堵塞指示装置，其作用是在滤油器堵塞时，发出报警信号，以便及时清洗和更换滤芯。由图可知，滤油器的进、出油口 P_1、P_2 分别与滑阀的左右两端相通。滤油器的流通情况良好时，滑阀芯在弹簧的作用下处在左端位置；当滤

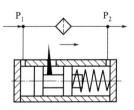

图 5-5 滑阀式滤油器
堵塞指示装置

油器逐渐被堵塞时，滑阀左右两端的压差加大，指针逐渐右移，这就指示了滤油器的堵塞情况。用户可根据上述指示确定是否应清洗或更换滤芯。滤油器的堵塞指示装置还有磁力式等其他形式，还可以通过电气装置发出灯光等信号进行报警。

四、滤油器的选用

滤油器应根据液压系统的技术要求，从以下几个方面，参考有关滤油器的产品目录进行选择。

① 根据系统的工作压力，确定过滤精度要求，选择相应的滤油器的类型。一般说来，系统的工作压力越高，过滤精度的要求也较高，应选择精度较高的滤油器。

② 根据系统的流量（严格说是通过滤油器的流量）选择足够的通流面积，使压力损失尽量小。一般可根据要求通过的流量，由产品样本选用相应规格的滤芯。若以较大流量通过小规格的滤油器，则将使液流通过滤油器的压力损失剧增，加快滤芯的堵塞，不能达到预期的过滤效果。

③ 滤芯应具有足够的强度（耐压强度），不因压力油的作用而损坏。

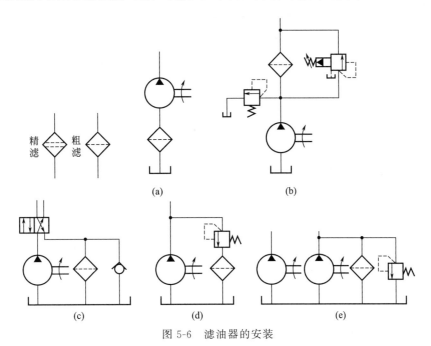

图 5-6　滤油器的安装

五、滤油器的安装

（1）安装于液压泵的吸油口［图 5-6(a)］

这种安装方式增大了液压泵的吸油阻力，而且当滤油器堵塞时，使液压泵的工作条件恶化。为此要求滤油器有较大通油能力（大于液压泵的流量）和较小的压力损失［不超过 $(0.1 \sim 0.2) \times 10^5 \mathrm{Pa}$］，一般多用精度较低的网式滤油器，其主要作用是保护液压泵。但液压泵中因零件的磨损而产生的颗粒仍可能进入系统中。

（2）安装于液压泵的出油口［图 5-6(b)］

这种安装方式可以保护液压系统中除液压泵以外的其他元件。由于滤油器在高压下工作，故要求滤油器的滤芯及壳体有一定的强度和刚度，即足够的耐压性能，同时压力损失不应超过 $3.5 \times 10^5 Pa$。为了避免由于滤油器的堵塞而引起液压泵的过载，应把滤油器安装在与溢流阀相并联的分支油路上。同时，为了防止滤油器堵塞，可与滤油器并联一旁通阀，或在滤油器上设置堵塞指示器。

（3）安装在回油管路上［图 5-6(c)］

这种安装方式不能直接防止杂质进入液压泵和其他元件，只能循环地除去油液中的部分杂质。它的优点是允许滤油器有较大的压降，而滤油器本身不处在高压下工作，可用刚度、强度较低的滤油器。

（4）安装在旁路上［图 5-6(d)］

这种方式又称为局部过滤，通过滤油器的流量不少于总流量的 $20\% \sim 30\%$。其主要缺点是不能完全保证液压元件的安全，因此，不宜在重要的液压系统中采用。

（5）单独过滤系统［图 5-6(e)］

这种安装方式是用一个专用液压泵和滤油器组成一个独立于液压系统之外的过滤回路。它可以经常清除系统中的杂质，适用于大型机械的液压系统。

第二节　蓄能器

蓄能器习惯上也称为蓄压器，它是利用气体压缩性和膨胀性来储存和释放液压能量的装置。气压式蓄能器在使用时首先向蓄能器充以预定压力的氮气，然后在液压泵压力的作用下，使油液经油孔进入蓄能器，压缩其气囊或活塞，气腔和油腔压力始终相等，从而使油液排出。系统排出多余的高压液体，也是通过压缩储存于蓄能器中的气体而进行的。

一、蓄能器的功用

（1）短时间内大量供油

在间歇工作或实现周期性动作循环的液压系统中，蓄能器可以把液压泵输出的多余压力油储存起来，当系统需要时，再由蓄能器释放出来。这样可以减小液压泵的额定流量，从而减小电机功率消耗，降低液压系统温升。

（2）维持系统压力

在液压系统中，当液压泵停止供油时，蓄能器可向系统提供压力油，补偿系统泄漏或充当应急能源，使系统在一段时间内维持压力，可避免停电或系统故障等原因造成的油源突然中断而损坏机件。

（3）缓和冲击和吸收脉动压力

当液压泵启动或停止、液压阀突然关闭或换向、液压缸启动或制动时，系统中会产生液压冲击，在冲击源和脉动源附近设置蓄能器，可以起到缓和冲击和吸收脉动的作用。

二、蓄能器的结构与工作原理

蓄能器的种类很多，但常用的是充气式蓄能器。

1. 气瓶式蓄能器

图 5-7 为气瓶式蓄能器，油液和气体在蓄能器中直接接触，故又称气液直接接触式（非隔离式）蓄能器。这种蓄能器容量大、惯性小、反应灵敏、外形尺寸小，没有摩擦损失。但

气体易混入（高压时溶于）油液中，影响系统工作平稳性，而且耗气量大，必须经常补充。所以气瓶式蓄能器适用于中、低压大流量系统。

2. 活塞式蓄能器

图 5-8 为活塞式蓄能器，这种蓄能器利用活塞将气体和油液隔开，属于隔离式蓄能器。其特点是气液隔离、油液不易氧化，结构简单，工作可靠，寿命长，安装和维护方便。但由于活塞惯性和摩擦阻力的影响，导致其反应不灵敏，容量较小，所以对缸筒加工和活塞密封性能要求较高。一般用来储能或供高、中压系统作吸收脉动之用。

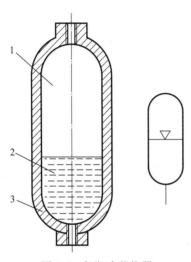

图 5-7　气瓶式蓄能器

1—气体；2—液压油；3—气瓶

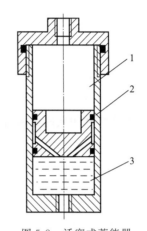

图 5-8　活塞式蓄能器

1—气体；2—活塞；3—液压油

3. 气囊式蓄能器

图 5-9 为气囊式蓄能器，这种蓄能器主要由壳体、气囊、进油阀和充气阀等组成，气体和液体由气囊隔开。壳体是一个无缝耐高压的外壳，气囊用特殊耐油橡胶作原料与充气阀一起压制而成。进油阀是一个由弹簧加载的菌形提升阀，它的作用是防止油液全部排出时气囊被挤出壳体之外。充气阀只在蓄能器工作前用来为气囊充气，蓄能器工作时则始终关闭。这种蓄能器允许承受的最高工作压力可达 32MPa，具有惯性小、反应灵敏、尺寸小、质量轻、安装容易、维护方便等优点。缺点是气囊和壳体制造工艺要求较高，而气囊强度不够高，压力的允许波动值受到限制，只能在 $-20 \sim 70℃$ 的温度范围内工作。蓄能器所用气囊有折合形和波纹形两种。

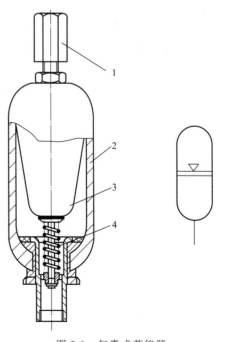

图 5-9　气囊式蓄能器

1—充气阀；2—壳体；3—气囊；4—进油阀

三、蓄能器的安装及使用注意事项

使用、安装蓄能器时应注意以下几点。

① 蓄能器应将油口向下垂直安装，装在管路上

的蓄能器必须用支撑架圈定。

② 蓄能器与泵之间应设置单向阀，以防止压力油向泵倒流。蓄能器与系统之间应设截止阀，供充气、调整和检修时使用。

③ 用于吸收压力脉动和液压冲击的蓄能器，应尽量安装在接近发生压力脉动或液压冲击的部位。

④ 蓄能器是压力容器，使用时必须注意安全，搬运和拆装时应先排出压缩气体。

第三节　油箱与热交换器

一、油箱

1. 作用及典型结构

油箱是用来储存油液的，以保证供给液压系统充分的工作油液，同时还具有散热、使渗入油液中的空气逸出以及使油液中的污物沉淀等作用。

油箱可分为开式和闭式两种。开式油箱中的油液液面与大气相通，而闭式油箱中的油液液面则与大气隔绝。液压系统多采用开式油箱。开式油箱又分为整体式和分离式。整体式油箱是利用主机（如机床床身）的底座等作为油箱。它的结构紧凑，各处漏油容易回收；但增加了主机结构的复杂性，维修不便、散热性能不好。分离式油箱与主机分离并与泵等组成一个独立的供油单元（泵站），它可以减少温升和液压泵驱动电机振动对主机工作的影响，精密设备一般都采用这种油箱。

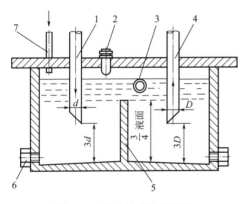

图 5-10　闭式油箱结构示意

1—回油管；2—注油口；3—油位计；4—吸油管；
5—隔板；6—放油阀（两个）；7—泄油管

2. 设计中的几个问题（图 5-10）

① 油箱应有足够的容量，以满足散热的要求。同时也必须注意到：

ⅰ.在系统工作时，油面必须保持足够的高度，以防止液压泵吸空。

ⅱ.在系统停止工作时，因油液全部流回油箱，不致造成油液溢出油箱。通常油箱的容量可按液压泵 2～6min 的流量来估计（流量大、压力低取下限；流量小、压力高取上限），油箱内油面的高度一般不应超过油箱高度的 80%，为便于观察应设置油位计 3。

② 吸油管 4 和回油管 1 应隔开。二者距离应尽量远些，最好用一块或几块隔板 5 隔开，以增加油液循环距离，使油液有充分时间沉淀污物、排出气泡和冷却。隔板高度一般取油面高度的四分之三。

③ 泵的吸油管上应安装 100～200 目的网式滤油器，滤油器与箱底间的距离不应小于 20mm。泵的吸油管和系统的回油管应插入最低油面以下，以防止卷吸空气和回油冲溅产生气泡。管口与箱底、箱壁的距离均不能小于管径的三倍，吸油及回油管口须斜切成 45°并面向箱壁。泄油管不宜插入油中。

④ 油箱底应有坡度，以方便放油，箱底与地面有一定距离，最低处应装有放油塞或放

油阀 6。

⑤ 油箱一般用 2.5～4mm 的钢板焊成，尺寸高大的油箱要加焊角铁和筋板，以增加刚性。当油箱上固定电动机、液压泵和其他液压件时，预盖要适当加厚，使其刚度足够。

⑥ 为了防止油液被污染，箱盖上各盖板、管口处都要加密封装置，注油口 2 应安装滤油网。通气孔要装空气滤清器。

⑦ 油箱中若安装热交换器，必须在结构上考虑其安装位置。为了测量油温，油箱上可装设油温计。

⑧ 油箱应便于安装、吊运和维修。

⑨ 箱壁应涂耐油防锈涂料。

二、热交换器

液压系统中常用液压油的工作温度以 30～50℃ 为宜，最高不超过 60℃，最低不低于 15℃。油温过高将使油液迅速变质，同时使液压泵的容积效率下降；油温过低则使液压泵的启动吸入困难。为此，当依靠自然冷却不能使油温控制在上述范围时，就须安装加热器或冷却器，即热交换器。

1. 冷却器

冷却器按冷却介质可分为水冷、风冷和氨冷等形式，常用的是水冷和风冷。

（1）水冷冷却器

最简单的冷却器是蛇形管式水冷却器，如图 5-11(a) 所示，它直接装在油箱内，冷却水从蛇形管内部通过，带走热量。这种冷却器结构简单，但冷却效率低，耗水量大。

液压系统中采用较多的冷却器是强制对流式多管冷却器，如图 5-11(b) 所示，冷却水从冷却器右端入口进入，经铜管 2 流到冷却器的左端，再经铜管流到冷却器右端，从出口流出。油液从左端进入，在铜管外面向右流动，在右端口流出。油液的流动路线因冷却器内设置的几块隔板 1 而加长，因而增加了热交换效果，冷却效率高。隔板 3 将进、出水隔开。但这种冷却器体积和重量较大。

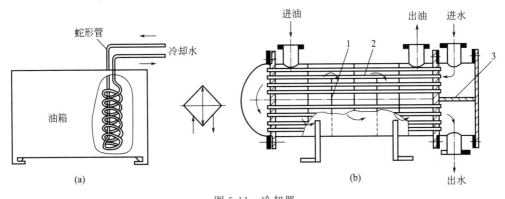

图 5-11 冷却器
1,3—隔板；2—铜管

近年来出现的一种翅片式冷却器也是多管式水冷却器，每根管子有内、外两层，内管中通水，外管中通油，而外管上还有许多翅片，以增加散热面积。这种冷却器重量相对较轻，如图 5-12 所示。

（2）风冷冷却器

风冷冷却器包括风扇（或鼓风机）和由许多带散热片的管子所组成的油散热器两部分。它迫使周围空气穿过带散热片的管子表面，而热的油通过这些管子从散热片的内部流过。因现代化武器装备对机动性能要求越来越高，风冷冷却器适用于许多大功率装备液压系统。它的缺点是空气换热系数很小，冷却效果较差。图 5-13 为一种常见的风冷冷却器。

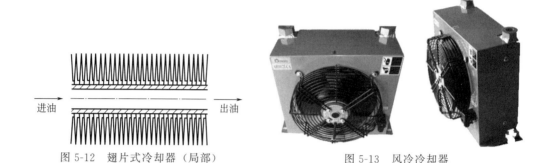

图 5-12　翅片式冷却器（局部）　　　　图 5-13　风冷冷却器

（3）冷却器的安装

冷却器一般安装在回油路或低压管路上，如图 5-14 所示。液压泵输出的压力油直接进入系统，从系统回油路上来的热油和从溢流阀 1 溢出的热油一起通过冷却器冷却。单向阀 2 用以保护冷却器。当系统不需要冷却时，可将截止阀 3 打开。

2. 加热器

液压系统中油液的加热一般都采用电加热器，如图 5-15 所示。电加热器 2 通常安装在油箱 1 的壁上，用法兰盘固定。由于直接和加热器接触的油液温度可能很高，会加速油液老化，因此单个加热器的容量不能太大。电加热器的结构简单，可根据所需要的最高、最低温度自动进行调节。

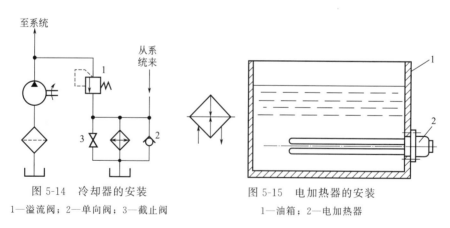

图 5-14　冷却器的安装　　　　　图 5-15　电加热器的安装
1—溢流阀；2—单向阀；3—截止阀　　　　1—油箱；2—电加热器

第四节　油管与管接头

在液压系统中，液压管路包括油管和管接头，它们的作用是将液压元件连接起来，以保证工作介质的循环流动并进行能量转换和传递，因此要求油管在油液传输过程中压力损失小、无泄漏、有足够的强度及装配维修方便等。

为保证油管的压力损失较小，油管和管接头必须有足够的通流面积，使油液在管内的流动速度不致过大，且要求长度尽量短，管壁光滑，尽可能避免通流断面的突变及液流方向急剧变化。

一、油管

油管的种类有无缝钢管、有缝钢管、橡胶软管、紫铜管、尼龙管和塑料管等。油管材料是依据液压系统各部位的压力、工作要求和各部件间的位置关系等选择的。各种材料的油管特性及适用范围如下。

1. 无缝钢管

无缝钢管装配时不易弯曲，但装配后能长久地保持原形，所以在中压、高压系统中得到广泛应用。无缝钢管有冷拔和热轧两种。冷拔管的外径尺寸精确，质地均匀，强度高。一般多选用 10♯、15♯ 冷拔无缝钢管。前者适用于压力小于 8MPa 的系统，后者适用于压力大于 8MPa 的系统。吸油管和回油管等低压管路，允许采用有缝钢管，其最高工作压力不大于 1MPa。

2. 橡胶软管

橡胶软管可用于有相对运动的部件间的连接，能吸收液压系统的冲击和振动，装配方便。但软管制造困难、寿命短、成本高，固定连接时一般不采用。橡胶软管分为高压软管和低压软管两种，高压软管用夹有钢丝的耐油橡胶制成。钢丝有缠绕和交叉编织两种，一般有 2～3 层。钢丝层数越多，管径越小，耐压越高，最高使用压力可达 35～40MPa。低压软管是由夹有帆布的耐油橡胶制成，适用于工作压力小于 1.5MPa 的场合。

3. 紫铜管

紫铜管容易弯曲成所需的形状，安装方便，且管壁光滑，摩擦阻力小。但耐压能力低，抗振能力弱，只适于中压、低压油路（一般不大于 6.3MPa）。由于铜和油液接触时能加速油液氧化，且铜材较缺，故应尽量不用或少用铜管。通常只限于用作仪表和控制装置的小直径油管。

4. 塑料管

塑料管价格便宜，装配方便，但耐压能力低，使用压力一般不大于 0.5MPa。可用于某些回油管和泄漏油管。

5. 尼龙管

尼龙管可用于中压、低压油路，有些尼龙管的使用压力可达 8MPa。

二、管接头

管接头是油管与油管、油管与液压件之间的可拆装连接件。它应满足拆装方便、连接牢固、密封可靠、外形尺寸小、通流能力大、压力损失小及工艺性好等要求。

管接头的种类很多，其规格、品种可查阅有关技术手册。液压系统中油管与管接头的常见连接方式见表 5-2。管路旋入用的连接螺纹采用国家标准米制锥螺纹（ZM）和普通细牙螺纹（M）。前者靠自身锥体旋紧并采用聚四氟乙烯密封，广泛应用于中压、低压液压系统；后者密封性能好，常用于高压系统，但要采用组合垫圈或 O 形密封圈进行端面密封，有时也可采用紫铜垫密封。

表 5-2 油管与管接头的常见连接方式

类型	结构图	特点
扩口式管接头	1—油管；2—管套	利用管道端部扩口进行密封,不需要其他密封件。适用于薄壁管件和压力较低的场合
焊接式管接头	1—球形头	把接头与钢管焊接在一起,端口用 O 形密封圈密封。对管道尺寸精度要求不高。工作压力可达 31.5MPa
卡套式管接头	1—油管；2—卡套	利用卡套的变形卡住管道并进行密封。轴向尺寸控制不严格,易于安装。工作压力可达到 31.5MPa,但对于管道外径及卡套制作精度要求高
(软管)扣压式管接头	1—接头外套；2—接头芯子	管接头由接头外套和接头芯组成,软管装好后再用模具扣压,使软管得到一定的压缩量。此中结构具有较好的抗拔脱和密封性能
(软管)可拆装式管接头	1—外套；2—接头芯子	在外套和接头芯上做成六角形,便于经常拆装软管。适用于维修和小批量生产。这种结构拆装比较费力,只用于小径连接
伸缩式管接头	1—外管；2—内管	接头由内管和外管组成,内管可在外管内自由滑动,并用密封圈密封。内管外径必须进行精密加工。适用于连接两元件有相对直线运动的管道
快速管接头	1—插座；2,6—管塞；3—钢珠；4—卡箍；5—插嘴	管子拆开后可自行密封,管道内的油液不会流失,因此适用于经常拆装的场合

第五节 装备液压系统中的测量装置

液压技术中最重要的物理量是压力、流量，其次是温度、转矩、转速、噪音、力、位移和速度等。这些量都是连续变化的，属于模拟量。这些量大多看不到摸不到，必须通过测量仪器转换（图 5-16）。本节以压力测量为例进行详细介绍。

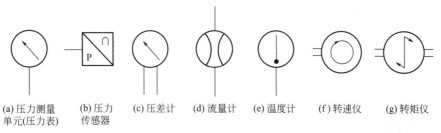

(a) 压力测量　　(b) 压力　　(c) 压差计　　(d) 流量计　　(e) 温度计　　(f) 转速仪　　(g) 转矩仪
单元(压力表)　　传感器

图 5-16　测量仪器的图形符号

在装备液压技术中，测量压力一般用压力表和压力传感器。压力表和压力传感器给出的精度一般都是引用误差，也就是说，误差是相对量程的。这样，在测量较低的压力时，就会有较大的相对误差。在对测量准确度要求较高时要特别注意。

要测压力，只要把压力表或传感器连到预留的测点即可，一般不必改动现有系统，相比测流量等方便得多。

一、压力表

如图 5-17 所示为弹簧管式压力表，当压力油进入弹簧弯管 1 时，产生管端变形，通过杠杆 4 使扇形齿轮 5 摆转，带动小齿轮 6，使指针 2 偏转，由刻度盘 3 读出压力值。这种压

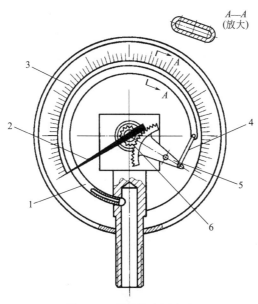

图 5-17　弹簧管式压力表

1—弹簧弯管；2—指针；3—刻度盘；4—杠杆；5—扇形齿轮；6—小齿轮

力表价格低，测试过程中没有中间环节，其显示值在出厂时就已经标定好了，因此，基本不会有系统误差。但也存在一定的局限性：

① 压力表的指针不耐振动，过快的压力波动很容易损坏压力表的指针。所以，在压力表的进口处常常设置很小的阻尼孔，或者在压力表的表盘里，注入了黏度较高的矿物油。因此，压力表的动态性能不高。

② 压力表的耐压性很差，一次超压就可能把指针打坏。所以，为保护压力表，量程应选得远超过可能的最高压力，但这样，相对误差又会较大。

③ 使用压力表，如果肉眼读数，手工抄数据，很容易带来人为误差，而且事后也很难核查纠正。

图 5-18　压力传感器

二、压力传感器

压力传感器一般利用压敏电阻或压变元件，把压力的变化转化为电阻的变化，再通过电桥，转化为电压输出，如图 5-18 所示。压力传感器的响应速度较压力表高得多，可以检测到压力的快速变化。现在，新型的压力传感器的频响已高于 10000Hz，可以满足几乎所有装备液压技术测量的要求。

压力传感器的耐超压性能较压力表强得多。现在，一些好的压力传感器，耐压已达到量程的两倍。这样，在受到意外的压力冲击时，就不容易损坏。不同量程的压力传感器采用不同颜色的外壳，减小了错用的危险。

三、数字压力表

近年来出现的所谓数字压力表，介于压力表与压力传感器之间，如图 5-19 所示。它做成压力表形式，实际上是个压力传感器，结合了数字显示屏。这样就不容易发生读数错误。它还有储存瞬时最高最低压力值的功能，有的还有压力值输出电信号的接口，以便记录压力的变化。

图 5-19　数字压力表

习　题

1.过滤器分为哪些种类？它们各适用于什么场合？

2.液压油正常工作的温度范围是多少？冷却器和加热器的种类有哪些？安装应注意什么？

3.蓄能器有哪些功用？有哪些类型？安装应注意什么？

4.油箱的功用是什么？

5.常用油管有哪几种？它们各适用于什么场合？

6.常用管接头有哪几种？它们各适用于什么场合？

第六章 装备液压基本回路

一台武器装备的液压系统不论多么复杂或简单，都是由一些液压基本回路组成的。所谓液压基本回路就是由一些液压件组成的、完成特定功能的油路结构。例如：用来调节执行元件（液压缸或液压马达）速度的调速回路；用来控制系统全局或局部压力的调压回路、减压回路或增压回路；用来改变执行元件运动方向的换向回路等，这些都是液压系统中常见的基本回路。熟悉和掌握这些回路的构成、工作原理和性能，对于正确分析和合理设计液压系统是很重要的。

第一节　节流调速回路

节流调速回路的工作原理是通过改变回路中流量控制元件（节流阀和调速阀）通流截面面积的大小来控制流入执行元件或自执行元件流出的流量，以调节其运动速度。根据流量阀在回路中的位置不同，节流调速回路分为进油节流调速、回油节流调速和旁路节流调速三种。前两种调速回路，由于在工作中回路的供油压力不随负载变化而变化，又称为定压式节流调速回路；而旁路节流调速回路由于回路的供油压力随负载的变化而变化，又称为变压式节流调速回路。

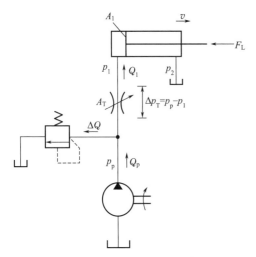

图 6-1　进口节流调速回路

一、进口节流调速回路

1. 油路结构

进口节流调速回路主要由定量泵、溢流阀、节流阀、执行元件（液压缸）等组成，节流阀装在液压缸的进油路上，如图 6-1 所示。

2. 调速原理

如图 6-1 所示，定量泵输出的流量 Q_p 在溢流阀调定的供油压力 p_p 下，其中一部分流量 Q_1 经节流阀后，压力降为 p_1，进入液压缸的左腔并作用于有效工作面积 A_1 上，克服负载 F_L，推动液压缸的活塞以速度 v 向右运动；另一部分流量 ΔQ 经溢流阀流回油箱。当不考虑

摩擦力和回油压力（即 $p_2=0$）时，活塞的运动速度和受力方程分别为

$$v=\frac{Q_1}{A_1} \tag{6-1}$$

$$F_L=p_1A_1 \tag{6-2}$$

若不考虑泄漏，由流量连续性原理，流量 Q_1 即为节流阀的过流量。设节流阀前后压力差为 Δp_T，联立式（6-1）、式（6-2）和式（1-29）得

$$v=\frac{C_TA_T}{A_1}\Big(p_p-\frac{F_L}{A_1}\Big)^m \tag{6-3}$$

可见，当其他条件不变时，活塞的运动速度 v 与节流阀的过流断面积 A_T 成正比，故调节 A_T 就可调节液压缸的速度。

二、出口节流调速回路

在这种调速回路中，节流阀串联在液压缸的回油路上（图 6-2），借助节流阀控制液压缸的排油量 Q_2 实现速度调节。由于进入液压缸的流量 Q_1 受到回油路上排油量 Q_2 的限制，因此用节流阀来调节液压缸排油量 Q_2 也就调节了进油量 Q_1。定量泵多余的油液经溢流阀流回油箱。

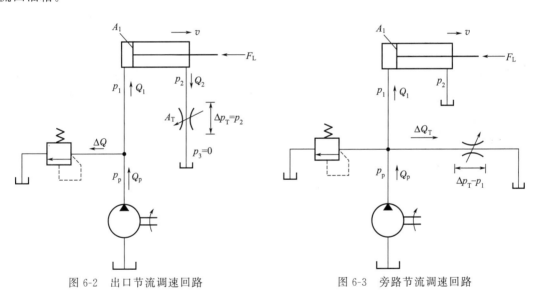

图 6-2 出口节流调速回路   图 6-3 旁路节流调速回路

三、旁路节流调速回路

1. 油路结构

图 6-3 为旁路节流调速回路，这种回路与进、出口节流调速回路的主要区别是将节流阀安装在与液压缸并联的进油支路上，并且回路中的溢流阀作安全阀用。

2. 调速原理

定量泵输出的流量 Q_p，其中一部分 ΔQ_T 通过节流阀流回油箱，另一部分 $Q_1=Q_p-\Delta Q_T$ 进入液压缸，推动活塞运动。如果流量 ΔQ_T 增多，流量 Q_1 就减少，活塞的速度就慢；反之，活塞的速度就快。因此，调节节流阀的过流量 ΔQ_T，就间接地调节了进入液压缸的

流量 Q_1，也就调节了活塞的运动速度 v。这里，液压泵的供油压力 p_p（在不考虑管路损失时）等于液压缸进油腔的工作压力 p_1，其大小决定于负载 F_L；安全阀的调定压力应大于最大的工作压力，它仅在回路过载时才打开。

四、采用调速阀的节流调速回路

如前所述，三种节流阀的节流调速回路的速度稳定性之所以较差，主要原因是负载变化引起了节流阀两端压差的变化，从而使节流阀的流量发生变化。如果用调速阀代替回路中的节流阀，由于调速阀两端的压差不受负载变化的影响，其过流量只取决于节流口流通截面面积的大小，因而可以大大提高回路的速度刚度、改善速度的稳定性。这就是调速阀的节流调速回路。不过，这些性能上的改善是以加大整个流量控制阀的工作压差为代价的——调速阀的工作压差一般最少要 $5\times10^5\,\text{Pa}$，高压调速阀可达 $10\times10^5\,\text{Pa}$。

调速阀的节流调速回路在装备液压系统中得到了广泛应用，调节各类液压缸的运动速度。

第二节 泵控马达调速回路

泵控马达调速回路多为容积调速回路，主要依靠改变泵和（或）液压马达的排量来实现调速。这种调速回路有变量泵-定量液压马达、变量泵-变量液压马达以及定量泵-变量液压马达等几种组合形式。容积调速回路多采用闭式回路。与节流调速回路相比，其既没有溢流损失，也没有节流损失，所以回路效率较高，发热少。但变量泵或变量液压马达的结构较定量泵或定量液压马达复杂，并且回路中常需要辅助泵来补油和散热，因此容积调速回路的成本较节流调速回路的成本稍高，一般认为装备液压系统功率较大或对发热限制较严时，宜采用容积调速回路。

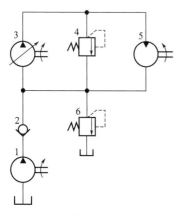

图 6-4 变量泵-定量液压
马达容积调速回路
1—单向定量泵；2—单向阀；3—单向变量泵；
4—安全阀；5—单向定量马达；6—溢流阀

一、变量泵-定量液压马达的容积调速回路

调速回路如图 6-4 所示。图中，安全阀 4 装在高低压油路之间，用以限定回路最高工作压力，防止系统过载。单向定量泵 1 装在低压油路上，工作时经单向阀 2 向低压油路补油，并防止空气渗入和空穴现象的出现，促进热交换。溢流阀 6 溢出多余油液，把回路中的热量带走。泵 1 的补油压力由溢流阀 6 调定，一般为 $(3\sim10)\times10^5\,\text{Pa}$，其流量通常为泵 3 最大流量的 $10\%\sim15\%$。

这种调速回路具有一定的调速范围，回路效率比较高，具有恒转矩特性，在行走机械、起重机械及锻压设备等功率较大的液压系统中得到了广泛应用。

二、定量泵-变量液压马达的容积调速回路

这种调速回路的油路结构如图 6-5 所示。其中补油泵 4 用来补油和改善吸油条件。

定量泵-变量液压马达容积调速的优点是恒功率调速，但其调速范围小，同时又不宜采用变量马达（双向变量马达）来换向。因此这种调速方法很少单独使用。

三、变量泵-变量液压马达的容积调速回路

图 6-6 为这种调速回路的油路结构。其中，溢流阀 12 用于给泵 1 定压；单向阀 4、5 用于双向补油；6、7 是用于两个方向上的安全阀；压差式液动换向阀 8 用于回路中的热交换；溢流阀 9 用于定回油路（低压油路）的排油压力；双向变量泵 2 既可以改变流量，又可以改变供油方向，用以实现液压马达的调速和换向。

由于这种调速回路兼有上述两种回路的性能，因而回路总的调速范围扩大了（可达 100）。回路在恒转矩的低速段可保持最大输出转矩不变；而在高速段则可提供较大的功率输出。这一特点正好符合大部分机械的要求，所以受到广泛应用。

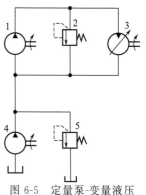

图 6-5 定量泵-变量液压
马达容积调速回路
1—单向定量泵；2—安全阀；
3—单向变量液压马达；
4—补油泵；5—溢流阀

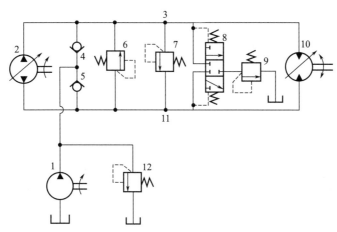

图 6-6 变量泵-变量液压马达容积调速回路
1—补油油泵；2—双向变量泵；3,11—高、低压管路；4,5—单向阀；6,7—安全阀；
8—压差式液动换向阀；9,12—溢流阀；10—双向变量液压马达

第三节 卸荷回路

卸荷回路的功用是在液压泵驱动电机不频繁启闭的情况，使液压泵在接近零功率损耗的工况下运转，以减少功率损耗，降低系统发热，延长泵和电机的使用寿命。因为泵的输出功率等于流量和压力的乘积，因此卸荷的方法就有流量卸荷和压力卸荷两种。前者主要是利用变量泵，使泵仅补充油液泄漏而以最小流量运转，此方法比较简单，但泵仍处在高压状态下运行，磨损比较严重；后者是使泵在接近零压的工况下运转。下面介绍几种典型的压力卸荷回路。

一、用换向阀的卸荷回路

图 6-7(a) 所示为采用二位二通阀的卸荷回路。这种卸荷回路中，换向阀 2 的规格必须与液压泵 1 的额定流量相适应。

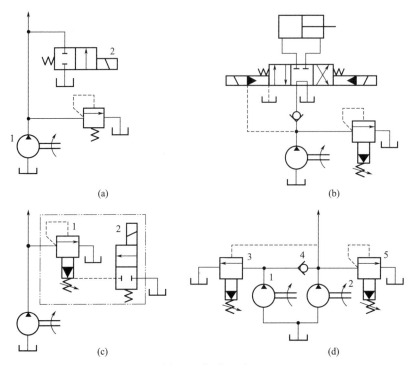

(a)　　　　　　　　　　　　　　(b)

(c)　　　　　　　　　　　　　　(d)

图 6-7　卸荷回路

M、H、K 型中位机能的三位换向阀处于中位时，泵输出的油液直接回油箱，从而实现卸荷。图 6-7(b) 为采用 M 型中位机能电液换向阀的卸荷回路，这种回路切换时压力冲击小，但回路中必须设置单向阀（背压阀），以使系统能保持 0.3MPa 左右的压力，供操纵控制油路之用。

二、用先导式溢流阀的卸荷回路

图 6-7(c) 所示为采用二位二通电磁换向阀控制先导式溢流阀的卸荷回路。当先导式溢流阀 1 的远程控制口通过二位二通电磁换向阀 2 接通油箱时，泵输出的油液以很低的压力经溢流阀回油箱，实现泵的卸荷。这一回路中二位二通电磁换向阀只通过很少的流量，因此可用小流量规格的电磁换向阀。在实际产品中，可将小规格的电磁换向阀和先导式溢流阀组合在一起形成组合阀，称为电磁溢流阀。

三、用先导式卸荷阀的卸荷回路

在双泵供油的液压系统中，常采用图 6-7(d) 所示的先导式卸荷阀的卸荷回路。当执行元件快速运行时，两液压泵 1、2 同时向系统供油，进入工作阶段后，系统压力由于负载变化而升高到卸荷阀 3 的调定值时，卸荷阀开启，使低压大流量泵 1 卸荷，此时仅高压小流泵 2 向系统供油。溢流阀 5 调定工作行程的压力，单向阀 4 的作用是将高低压油路隔开起止回作用。

第四节 保压回路

保压回路的功用是使系统在液压缸不动或仅工作变形所产生的微小位移工况下稳定地维持压力。保压回路因保压时间、保压稳定性、功率损失、经济性等的不同而有多种方案。

一、采用液控单向阀的保压回路

对保压性能要求不高时，可采用密封性能较好的液控单向阀保压，这种方法简单、经济，但保压时间短，压力稳定性不高。保压性能要求较高时，需采用补油的方法弥补回路的泄漏，以维持回路中压力的稳定。

图 6-8 所示为采用液控单向阀和电接点压力表的自动补油式保压回路。当电磁铁 1YA 通电时，换向阀 2 左位工作，液压（油）缸 5 下腔进油，油缸上腔的油液经液控单向阀 3 回油箱，使油缸向上运动；当电磁铁 2YA 通电时，换向阀右位工作，电接点压力表 4 在油缸上腔压力升至其调定的上限压力值时发信号，电磁铁 2YA 失

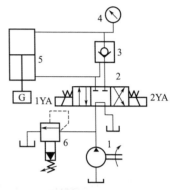

图 6-8 采用液控单向阀的保压回路
1—定量泵；2—换向阀；3—液控单向阀；
4—压力表；5—液压缸；6—先导式溢流阀

电，换向阀处于中位，定量泵 1 卸荷，油缸由液控单向阀保压。当油缸压力下降到电接点压力表设定的下限值时，电接点压力表发信号，电磁铁 2YA 通电，换向阀再次右位工作，液压泵给系统补油，压力上升。如此往复自动地保持油缸的压力在调定值范围内。

二、采用辅助泵的保压回路

图 6-9 所示是采用高压小流量泵作为辅助泵的保压回路。当液压缸加压完毕要求保压时，压力继电器 4 发出信号，换向阀 2 回中位，变量泵 1 卸荷；同时二位二通换向阀 8 处于右位，由辅助泵 5 向液压缸上腔供油，维持系统压力稳定。由于辅助泵只需补偿封闭容积的泄漏量，可选用小流量泵，配节流阀 6 形成容积节流调速回路，功率损失小。压力稳定性取

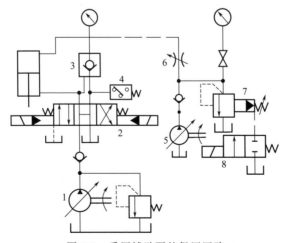

图 6-9 采用辅助泵的保压回路
1—变量泵；2—换向阀；3—液控单向阀；4—压力继电器；5—辅助泵；6—节流阀；7—先导式溢流阀；8—换向阀

决于溢流阀 7 的稳压性能。

三、用蓄能器的保压回路

如图 6-10(a) 所示的回路，当主换向阀 5 处于左位工作时，液压缸 7 推进压紧工件，进油路压力升高至调定值时，压力继电器 8 发出信号使换向阀 6 通电，泵即卸荷，单向阀 2 自动关闭，液压缸则由蓄能器 3 保压。当蓄能器压力不足时，压力继电器复位使泵重新工作。保压时间决定于系统的泄漏、蓄能器的容量等。

图 6-10(b) 所示为多缸系统中的一缸保压回路，这种回路当主油路压力降低时，单向阀 3 关闭，支路由蓄能器 4 保压并补偿泄漏，压力继电器 5 的作用是当支路中压力达到预定值时发出信号，使主油路开始动作。

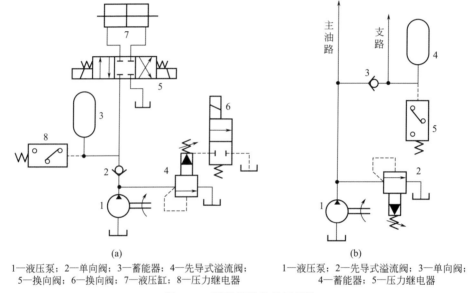

1—液压泵；2—单向阀；3—蓄能器；4—先导式溢流阀；
5—换向阀；6—换向阀；7—液压缸；8—压力继电器

1—液压泵；2—先导式溢流阀；3—单向阀；
4—蓄能器；5—压力继电器

图 6-10　用蓄能器的保压回路

第五节　多缸工作控制回路

用一个液压泵驱动两个或两个以上的液压缸（或液压马达）工作的回路，称为多缸工作控制回路。根据液压缸（或液压马达）动作间的配合关系，多缸控制回路可以分为多缸顺序动作回路和多缸同步动作回路两大类。

一、多缸顺序动作回路

某些机械，特别是自动化武器装备，在一个工作循环中往往要求各个液压缸按着严格的顺序依次动作，多缸顺序动作回路就是实现这种要求的回路，按各液压缸顺序动作的控制方式，可分为压力控制式、行程控制式和时间控制式三种类型。

以压力控制式为例，它利用液压系统工作过程中的压力变化控制某些液压件（如顺序阀、压力继电器等）动作，进而控制执行元件按先后顺序动作。

图 6-11 为采用顺序阀的顺序动作回路。图中液压缸 6 和液压缸 7 按①→②→③→④的

顺序动作。阀 3 左位导通、泵 1 启动后，压力油首先进入液压缸 6 的无杆腔，推动液压缸 6 的活塞向右运动，实现运动①。到达极限位置后，活塞不再运动，油液压力升高，使单向顺序阀 5 接通，压力油进入液压缸 7 的无杆腔，推动其活塞向右运动，实现运动②。阀 3 切换后，泵 1 的压力油首先进入液压缸 7 的有杆腔，使其活塞向左运动，实现运动③。当液压缸 7 的活塞运动到终点停止后，油液压力升高，于是打开单向顺序阀 4，压力油进入液压缸 6 的有杆腔，推动其活塞向左运动复位，实现运动④。

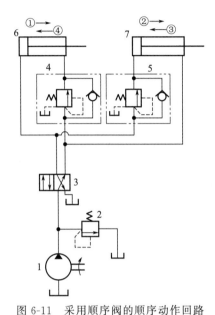

图 6-11　采用顺序阀的顺序动作回路

1—单向定量泵；2—溢流阀；3—位四通换向阀；4,5—单向顺序阀；6,7—液压缸

这种顺序动作回路的可靠性主要取决于顺序阀的性能及其压力的调定值。为保证动作顺序可靠，顺序阀的调定压力应比先动作的液压缸的最高工作压力高出 0.8～1MPa，以避免系统中压力波动时顺序阀产生误动作。

二、多缸同步动作回路

在一些机构中，有时要求两个或两个以上的工作部件在工作过程中同步运动，即具有相同的位移（位置同步）或相同的速度（速度同步）。但是，由于各自的负载不同，摩擦阻力不同，缸径制造上的差异，泄漏的不同以及结构弹性变形的不一致等因素的影响，使它们不可能达到理想同步。同步回路就是为减少或克服这些影响而设置的。

图 6-12 为两个液压缸串联的同步回路。其中，第一个液压缸回油腔排出的油液输入第二个液压缸，如果两液压缸的有效工作面积相等，就可实现速度同步。这种同步回路结构简单、效率高，能适应较大的偏载；但泵的供油压力高（至少为两缸工作压力之和）。然而，由于制造误差、内泄漏以及气体混入等因素的影响，这种同步回路很难保证严格的同步，往往会产生同步失调现象。这种现象（即便是很微小的）若不加以解决，在多次行程后就将累积为显著的位置上的差别。为此，在采用串联液压缸的同步回路时，一般都具有位置补偿装置。

图 6-13 为带有补偿装置的串联液压缸同步回路。这种同步回路可在行程终点处消除两缸的位置误差。其工作原理如下：当两个液压缸同时向下运动时（此时三位四通阀的左位机

能起作用），若缸 1 的活塞先到终点，缸 2 的活塞还没到达，则行程开关 3 先被缸 1 的行程挡块压下，使电磁铁 1YA 通电，电磁阀 5 上位接通，液控单向阀 7 被打开，缸 2 下腔与油箱相通，使缸 2 活塞能继续下行至行程终点。反之，若缸 2 的活塞先到达终点，则行程开关 4 先被缸 2 的行程挡块压下，使 2YA 通电，于是来自泵的压力油便经阀 6 打开单向阀 7，向缸 1 上腔补油，使缸 1 活塞继续下行至终点。这样两缸位置上的误差就不会累积了。

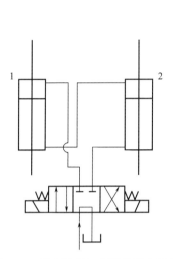

图 6-12　两个液压缸串联的同步回路　　图 6-13　带补偿装置的串联液压缸同步回路

1,2—液压缸　　　　　　　1,2—液压缸；3,4—行程开关；5,6—二位三通

电磁换向阀；7—液控单向阀

习　　题

1. 在图 6-1 中，若将溢流阀去掉，调节节流阀能否调节速度 v？为什么？

2. 图 6-14(a)、(b) 利用定值减压阀与节流阀串联来代替调速阀，问能否起到调速阀稳定速度的作用？为什么？

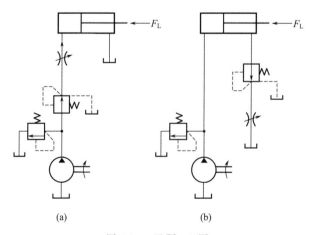

(a)　　　　　　　　(b)

图 6-14　习题 6-2 图

3. 图 6-15(a)、(b) 所示回路最多能实现几级调压？阀 1、2、3 的调整压力之间应是怎样的关系？图 (a)、(b) 有何差别？

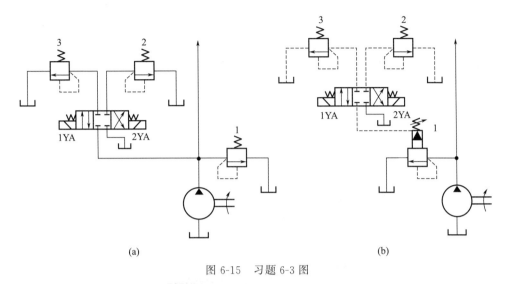

(a)　　　　　　　　　　　　(b)

图 6-15　习题 6-3 图

4. 如图 6-16 所示，液压缸的有效工作面积 $A_1 = 50 \mathrm{cm}^2$，负载阻力 $F_L = 5000\mathrm{N}$，减压阀的调定压力 p_J 分别调成 $5 \times 10^5 \mathrm{Pa}$，$20 \times 10^5 \mathrm{Pa}$ 或 $25 \times 10^5 \mathrm{Pa}$，溢流阀的调定压力分别调成 $30 \times 10^5 \mathrm{Pa}$ 或 $15 \times 10^5 \mathrm{Pa}$，试分析该活塞的运动情况。

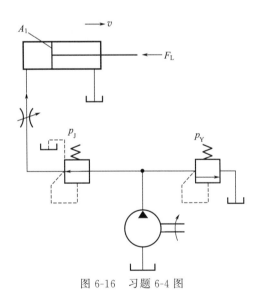

图 6-16　习题 6-4 图

5. 如图 6-17 所示，溢流阀和两个减压阀的调定压力分别为：$p_Y = 45 \times 10^5 \mathrm{Pa}$，$p_{J1} = 35 \times 10^5 \mathrm{Pa}$，$p_{J2} = 20 \times 10^5 \mathrm{Pa}$，负载 $F_L = 1200\mathrm{N}$；活塞有效工作面积 $A_1 = 15 \mathrm{cm}^2$；减压阀全开口时的局部损失及管路损失可略去不计。试确定活塞在运动中和到达终端位置时 A、B 和 C 点处的压力。当负载加大到 $F_L = 4200\mathrm{N}$ 时，这些压力有何变化？

6. 图 6-18 所示液压系统，液压缸有效面积 $A_1 = A_2 = 100 \mathrm{cm}^2$，缸 I 负载 $F_L = 35000\mathrm{N}$，缸 II 运动时负载为零。不计摩擦阻力、惯性力和管路损失。溢流阀、顺序阀和减压阀的调整

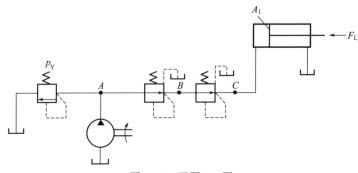

图 6-17 习题 6-5 图

压力分别为 4MPa、3MPa 和 2MPa。求在下列三种工况下 A、B 和 C 处的压力：

① 液压泵启动后，两换向阀处于中位；

② 1YA 通电，液压缸 I 活塞移动时及活塞运动到终点时；

③ 1YA 断电，2YA 通电，液压缸 II 活塞运动时及活塞碰到固定挡块时。

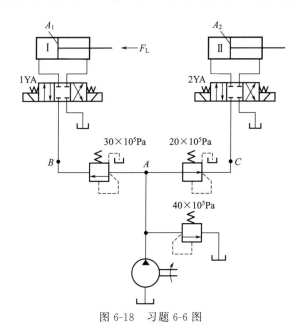

图 6-18 习题 6-6 图

第七章 典型吊机液压系统

第一节 吊机液压系统原理

一、吊机液压系统的组成

随着装备技术的迅速发展，大型武器装备不断涌现，吊装设备也成为陆、海、空、火箭军、战略支援部队装备的重要组成。主要用于对重型精密仪器设备、弹药、甚至飞机进行起吊、运输、装卸及安装等。臂架类吊装系统，除发动机、底盘传动系统外，其工作装置主要是指起升、回转、变幅和伸缩机构，即起重吊装机械的"四大机构"。

汽车吊机是将起重机安装在汽车底盘上的一种起重运输设备，由于具有机动灵活、能以较快速度行走的作业特点。汽车吊机主要由行驶部分及作业部分两部分组成，其中作业部分又包括变幅机构、伸缩机构、起升机构、回转机构和支腿机构，某汽车吊机的外形结构示意图如图 7-1所示。

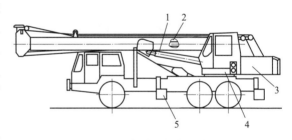

图 7-1　汽车吊机结构示意图

1—变幅机构；2—伸缩臂机构；3—起升机构；4—回转机构；5—支腿

由于液压系统具有功率重量比大的优势，因此汽车吊机作业机构的所有动作都是在液压驱动下完成的，例如汽车吊机的吊臂变幅动作、吊臂伸缩动作、起升动作、回转动作以及支腿动作。在所有机构运行过程中，液压系统都起着至关重要的作用。

汽车吊机液压系统的关键件包括主液压泵、主控制阀、支腿操纵阀、主副卷扬和回转减速机等，主液压泵由底盘发动机驱动，主控制阀分别控制回转、伸缩、变幅及卷扬作业动作，支腿操纵阀通过底盘单侧或两侧操纵杆控制支腿同时或单独工作。汽车吊机的作业机构操纵方式通常可以采用手柄操作和电液先导控制两种，电液先导控制是目前国内液压行业中最为先进的操作方式。在汽车吊机液压系统中包含了多种形式的液压基本回路，例如平衡回路、锁紧回路、制动回路、减压回路以及换向回路等。

二、吊机液压系统性能要求

汽车吊机要完成的工作任务就是起吊和转运货物，由于汽车吊机执行元件需要完成的动作较为简单，位置精度要求低，因此汽车吊机的大部分作业机构采用手动操作方式即可。

作为吊装机械，除了完成必要的起吊和转运货物的工作任务外，保证吊装作业中的安全也是至关重要的，因此在液压系统的设计上，采取必要的保护措施，保证汽车吊机作业的安全是液压系统设计的重要目标之一。

虽然汽车吊机的动作精度要求低，但对作业的安全性要求高。因此，汽车吊机液压系统的设计要能够保证各动作机构的动作安全。保证安全动作的要求如下。

① 吊装重物时不准落臂，必须落臂时应将重物放下重新升起作业，此时，伸缩和变幅机构的液压回路必须采用平衡回路。

② 回转动作要平稳，不准突然停转，当吊重接近额定起重量时，不得在吊离地面 0.5m 以上的空中回转。

③ 起重机在起吊重载时应尽量避免吊重变幅，起重臂仰角很大时不准将起吊的重物骤然放下，防止后倾，这些都要求汽车起重机液压系统的子系统之间采用适当的连接关系。

④ 汽车起重机不准吊重行驶。

⑤ 防止出现"拖腿"和"软腿"事故。

⑥ 防止出现"溜车"现象。

第二节　吊机液压系统基本回路

一、起升机构液压回路

吊机需要用起升机构，即卷筒-吊索机构实现垂直起升和下放。液压起升机构中，液压

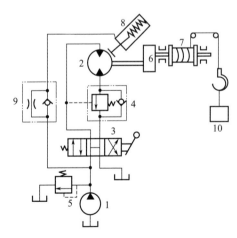

图 7-2　起升机构液压回路

1—液压泵；2—液压马达；3—换向阀；
4—平衡阀；5,6—减速器；7—卷筒；
8—制动液压缸；9—单向
节流阀；10—重物

马达通过减速器驱动卷筒，图 7-2 是一种最简单的起升机构液压回路。当换向阀 3 处右位时，通过液压马达 2、减速器 6 和卷筒 7 提升重物 10，实现吊重上升。而换向阀处于左位时下放重物，实现负重下降，这时平衡阀 4 起平稳作用。当换向阀处于中位时，回路实现承重静止。由于液压马达内部泄漏比较大，即使平衡阀的闭锁性能很好，但卷筒-吊索机构仍难以支撑重物。如要实现承重静止，可以设置常闭式制动器，依靠制动液压缸 8 来实现。

在换向阀右位（吊重上升）和左位（负重下降）时，泵 1 压出液体同时作用在制动缸下腔，将活塞顶起，压缩下腔弹簧，使制动器闸瓦拉开，这样液压马达不受制动。换向阀处于中位时，泵卸荷，泵出口接近零压，制动缸活塞被弹簧压下，闸瓦制动液压马达，使其停转，重物就静止于空中。

某些起升机构要求开始举升重物时，液压马达

产生一定的驱动力矩，然后制动缸才彻底拉开制动闸瓦，以避免重物在马达驱动力矩充分形成前向下溜滑。所以在通往制动缸的支路上设单向节流阀9，由于阀9的作用，拉开闸瓦的时间放慢，有一段缓慢的动摩擦过程；同时，液压马达在结束负重下降后，换向阀3复中位，阀9的单向阀允许迅速排出制动缸下腔的液体，使制动闸瓦尽快闸住液压马达，避免重物继续下降。

二、伸缩臂机构液压回路

图7-3为伸缩臂机构液压回路，臂架有3节，Ⅰ是第1节臂，或称基臂；Ⅱ是第2节臂；Ⅲ是第3节臂。后一节臂可依靠液压缸相对前一节臂伸出或缩进。3节臂只需要两只液压缸：液压缸6的活塞与基臂Ⅰ铰接，而其缸体铰接于臂Ⅱ，缸体运动使臂Ⅱ相对臂Ⅰ伸缩；液压缸7的缸体与臂Ⅱ铰接，而其活塞铰接于臂Ⅲ，活塞运动使臂Ⅲ相对于臂Ⅱ伸缩。

臂Ⅱ和臂Ⅲ是顺序动作的，对回路的控制可依次做如下操作。

① 手动换向阀2左位，电磁阀3也左位，使液压缸6上腔压入液体，缸体运动将臂Ⅱ相对于基臂Ⅰ伸出，臂Ⅲ则顺势被臂Ⅱ托起，但对臂Ⅱ无相对运动，此时实现举重上升。

② 手动换向阀仍左位，但电磁换向阀换右位，液压缸6因无液体压入而停止运动，臂Ⅱ对臂Ⅰ也停止伸出，而液压缸7下腔压入液体，活塞运动将臂Ⅲ相对于臂Ⅱ伸出，继续举重上升。连同上一步，可将3臂总长增至最大，将重物举升至最高位。

③ 手动换向阀换为右位，电磁换向阀仍为右位，液压缸7上腔压入液体，活塞运动臂Ⅲ相对于臂Ⅱ缩回，为负重下降，故此时需平衡阀5作用。

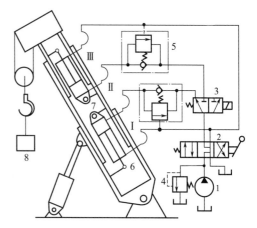

图7-3　伸缩臂机构液压回路
1—液压泵；2—手动换向阀；3—电磁阀；
4,5—平衡阀；6,7—液压缸；8—重物

④ 手动换向阀仍右位，电磁换向阀换左位，液压缸6下腔压入液体，缸体运动将臂Ⅱ相对于臂Ⅰ缩回，亦为负重下降，需平衡阀4作用。

如不按上述次序操作，可以实现多种不同的伸缩顺序，但不可能使两个液压缸同时动作。

伸缩臂机构可以不同的方法，即不采用电磁阀而用顺序阀、液压缸面积差动、机械结构等，实现多个液压缸的顺序动作，还可以采用同步措施实现液压缸的同时动作。

三、变幅机构液压回路

变幅机构在吊机、起竖等装备液压系统中，用于改变臂架的位置，增加主机的工作范围。最常见的液压变幅机构是用双作用液压缸作液动机，也有采用液压马达和柱塞缸的。图7-4为双作用液压缸变幅回路。

液压缸6承受重物7及臂架质量之和的分力作用，因此，在一般情况下应采用平衡阀3来达到负重匀速下降的要求，如图7-4(a)所示。但在一些对负重下降匀速要求不很严格的

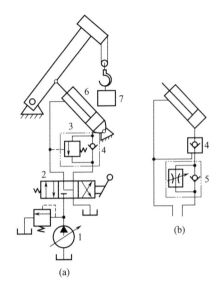

图 7-4　双作用液压缸变幅回路

1—液压泵；2—手动换向阀；3—平衡阀；

4—液控单向阀；5—单向节流阀；

6—液压缸；7—重物

场合，可以采用液控单向阀 4 串联单向节流阀 5 来代替平衡阀，如图 7-4(b) 所示。其中阀 4 的作用，一是在承重静止时锁紧液压缸 6；二是在负重下降时形成一定压力打开控制口，使液压缸下腔排出液体而下降。但阀 4 却没有平衡阀使液压缸匀速下降的功能，这种功能由单向节流阀 5 来实现。由于节流阀形成足够压力的动态过程时间较长，所以实际上液压缸在相当长时间内加速下降，然后才实现匀速，这一点就不如平衡阀性能好。

四、回转机构液压回路

为了使工作机构能够灵活机动地在更大范围进行作业，就需要整个作业架作旋转运动。回转机构就是用来实现这种目的的，回转机构的液压回路如图 7-5 所示。液压马达 5 通过小齿轮与大齿轮的啮合，驱动作业架回转。整个作业架的转动惯量特别大，当换向阀 2 由上或下位转换为中位时，A、B 口关闭，液压马达停止转动。但液压马达承受的巨大惯性力矩使转动部分继续前冲一定角度，压缩排出管道的液体，使管道压力迅速升高。同时，压入管道液源已断，但液压马达前冲使管道中液体膨胀，引起压力迅速降低，甚至产生真空。这两种压力变化如果很激烈，将造成管道或液压马达损坏。因此必须设置一对缓冲阀 3、4。当换向阀的 B 口连接管道为排出管道时，阀 4 如同安全阀那样，在压力突升到一定值时放出管道中液体，液体进入与 A 口连接的压入管道，补充被液压马达吸入的液体，使压力停止下降，或减缓下降速度。所以对回转机构液压回路来说，缓冲补油是非常重要的。

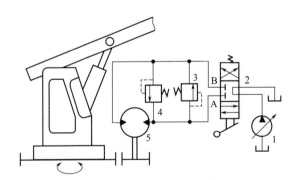

图 7-5　回转机构液压回路

1—液压泵；2—手动换向阀；3,4—缓冲阀；5—液压马达

第三节　吊机故障诊断与维修

武器装备吊装对象多为弹药、精密仪器等，因此吊装机械必须确保负载停在某一预定位置，防止负载在下降过程中产生超速下滑，以免造成巨大的人力、财力损失。因此，需要在

液压系统中加入合适的压力控制阀或流量控制阀，这样的回路称为平衡回路。平衡回路的工作原理是在油路的一侧造成一定的背压进行速度控制，故被称为背压回路。汽车起重机液压系统中起升机构、伸缩机构、变幅机构、回转机构都设置了如图 7-6 所示的平衡回路，回路中的平衡阀有其独特的结构，采用了圆锥面密封，圆柱面截流，所以负载能被"锁"在某一位置，又能控制负载下降的速度。下面对这一回路的工况进行分析，并对典型故障进行诊断，给出维修方案。

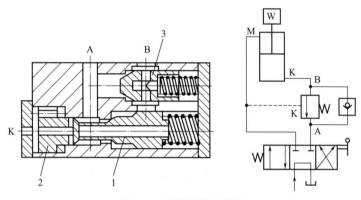

图 7-6 平衡回路示意图

1—主阀芯；2—导腔活塞；3—单向阀

一、举重上升

当换向阀处左位时，高压油经平衡阀 A 口，顶开单向阀，经 B 口进入液压缸无杆腔。使负载上升。这种工况较简单，一般不会使平衡阀产生故障。

二、承载静止

当换向阀处在中位时，重物静止。重物通过活塞对液压缸无杆腔的封闭油施加压力。这时因为单向阀 3、主阀芯 1 在弹簧力作用下使回油通道关闭，无杆腔的油无法流出，形成了一定背压，重物便被锁在了某个位置。这种工况对所有密封部位均提出了严格的要求，应尽量做到滴油不漏，才能防止重物自然下降。防止重物下降的因素，主要有平衡阀内单向阀 3 及主阀芯 1 的锥面密封性能，还有液压缸活塞的密封性能。在产品调试及维修过程中，经常由于不能正确判断造成重物下降的原因，而使故障不能及时排除，对此，采用"泄漏检查法"可以有效地进行判断。

发生重物下降现象时，拧开有杆腔 M 处接头，观察泄漏情况，过几分钟后，如果接头处仍然有油不停地流出，则可判断是液压缸内泄造成重物下降。通过检修液压缸，更换密封件可以解决。如果几分钟后，接头处不再有油流出，则表明平衡阀内单向阀、主阀芯密封不严，这样必须修理或更换平衡阀。若下降速度较快，则可能是单向阀或主阀芯被卡住而不能复位。出现该种情况，必须拆卸平衡阀，清除异物，如果液压油污染严重，还要清洗液压系统，更换液压油。

三、负重下降

当换向阀处于右位时，无杆腔油被单向阀及主阀芯关闭。当进油路压力上升到一定值后，压力油经控制油路 K 口，推动导腔活塞 2，从而向右推动主阀芯 1，主阀芯 1 锥面处被打开一个环形回油通道，这样 B 口的油就能流向 A 口，重物下降。如果重物在重力作用下超速下降，进油路由于泵供油不足而压力迅速下降，K 口油压作用于导腔活塞 2 上的力也跟随下降，这样主阀芯在弹簧力作用下，回油通道被关小或完全关闭，增大回油阻力，回油腔便产生了一定背压，消除超速现象。由于阀件的阻尼作用，主阀芯 1 动作比较平稳，在 K 口油压变化时，始终处于随油压变化时而开大、时而关小回油通道的动态工作中，在任一时刻，主阀芯 1 的弹簧力与 K 口作用于导腔活塞上的力处于动态平衡。因而主阀芯始终保持适当的回油通道。使液压缸的排油量与供油量保持一定比例关系，这样重物可平稳下降，其下降速度可表达为

$$V_{降} = KQ_{泵} \tag{7-1}$$

式中　$Q_{泵}$——泵的流量；

　　　K——综合系数。

不难看出，这种回路的速度不受负载变化的影响。只与泵的流量相关，稳定性相当好，完全可以满足汽车起重机工况的要求。

通过控制操纵阀的开口大小，可在一定范围内控制重物下降速度。这种工况要求导腔活塞 2、主阀芯 1 在阀体内活动自如。吊机进入使用后，随着使用时间的增加，液压系统发生污染，阀芯磨损，弹簧受交变载荷影响，致使刚度发生变化，甚至断裂。因此当平衡回路工作一定时间后，可能出现负载下降时，有振动产生，这时要及时对其进行修理，如更换平衡阀主阀芯、密封件，检修弹簧。有时因颗粒、异物堵塞控制油路 K 口，压力油不能作用于导腔活塞，导致主阀芯不能打开，或是因颗粒、异物窜入导腔活塞 2、主阀芯 1 与阀体缝隙，发生"卡死"现象。导致主阀芯 1 也不能被开启，重物停留空中不能下降。碰到这种故障，可先用铜棒轻轻敲打平衡阀，重复几次，一般均能使起重机重新工作。否则只能采取"泄油"的方法解决。慢慢拧松 N 处接头螺纹，让液压油慢慢流出，重物便会缓缓下落，配合其他操纵执行机构，用机动性能较强的拖车接收导弹，转移至安全地带。危险排除后，再对平衡阀进行拆卸、清洗，另外还要清洗液压系统，更换清洁液压油。经过这样处理，平衡回路恢复稳定、可靠地工作。

习　　题

1. 起重吊装机械的四大机构是什么？
2. 自主分析调平液压回路的工作原理与典型故障诊断与排除。

第八章　装备气动系统元件

装备气动是"气压传动与控制"的简称，其元件与装备液压系统元件一样，也分为泵、缸、阀等，从名称、功能、结构、原理、职能符号等方面都具有诸多相似相通之处，本章不予赘述。着重介绍装备气动系统独有、较为先进的元件。

第一节　气源装置

气源装置为气动系统提供满足一定质量要求的压缩空气，它是气动系统的重要组成部分。由空气压缩机产生的压缩空气，必须经过降温、净化、减压、稳压等一系列处理，才能供给控制元件和执行元件使用。而用过的压缩空气排向大气时，会产生噪音，应采取措施，降低噪音，改善劳动条件和环境质量。

一、气源装置的组成

气动系统对压缩空气品质有较高的要求，需要设置气源装置。一般气源装置的组成和布置如图 8-1 所示。1 为空气压缩机，用以产生压缩空气，一般由电动机带动。其吸气口装有空气过滤器，以减少进入空气压缩机的杂质。2 为后冷却器，用以降温、冷却压缩空气，使净化的水凝结出来。3 为油水分离器，用以分离并排出降温冷却的水滴、油滴、杂质等。4和 7 为储气罐，用以储存压缩空气，稳定压缩空气的压力并除去部分油分和水分。5 为干燥器，进一步吸收或排除压缩空气中的水分和油分，使之成为干燥空气。6 为过滤器，进一步过滤压缩空气中的灰尘、杂质颗粒。储气罐 4 输出的压缩空气可用于一般要求的气压传动系

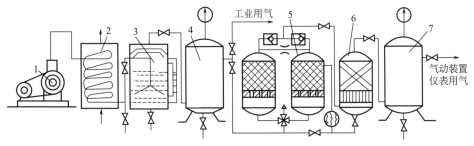

图 8-1　气源装置组成及布置示意图

1—空气压缩机；2—后冷却器；3—油水分离器；4,7—储气罐；5—干燥器；6—过滤器

统，储气罐 7 输出的压缩空气可用于要求较高的气动系统，如气动仪表及射流元件组成的控制回路等。气动三联件的组成及布置由用气设备确定，图中未画出。

二、空气压缩机的分类及选用原则

1. 分类

空气压缩机是一种气压发生装置，它是将机械能转化成气体压力能的能量转换装置，其种类很多，分类型式也有多种。如按其工作原理可分为容积型压缩机和速度型压缩机，容积型压缩机的工作原理：压缩气体的体积，使单位体积内气体分子的密度增大以提高压缩空气的压力。速度型压缩机的工作原理：提高气体分子的运动速度，然后使气体的动能转化为压力能以提高压缩空气的压力。

2. 空气压缩机的选用原则

选用空气压缩机的根据是气动系统所需要的工作压力和流量两个参数。一般空气压缩机为中压空气压缩机，额定排气压力为 1MPa。另外还有低压空气压缩机，排气压力为 0.2MPa；高压空气压缩机，排气压力为 10MPa，超高压空气压缩机，排气压力为 100MPa。

输出流量的选择，要根据整个气动系统对压缩空气的需要再加一定的备用余量，作为选择空气压缩机的流量依据。空气压缩机铭牌上的流量是自由空气流量。

第二节　气动辅助元件

气动辅助元件分为气源净化装置和其他辅助元件两大类。

一、气源净化装置

气源净化装置一般包括：空气过滤器、除油器、空气干燥器、后冷却器、储气罐等。

1. 空气过滤器

空气中所含的杂质和灰尘，若进入机体和系统中，将加剧相对滑动件的磨损，加速润滑油的老化，降低密封性能，使排气温度升高，功率损耗增加，使压缩空气的质量大为降低。所以在空气进入压缩机之前，必须经过空气过滤器，以滤去其中所含的灰尘和杂质。过滤的原理是根据固体物质和空气分子的大小和质量不同，利用惯性、阻隔和吸附的方法将灰尘和杂质与空气分离。

一般空气过滤器基本上是由壳体和滤芯所组成的，按滤芯所采用的材料不同又可分为纸质、织物（麻布、绒布、毛毡）、陶瓷、泡沫塑料和金属（金属网、金属屑）等过滤器。空气压缩机中普遍采用纸质过滤器和金属过滤器。这种过滤器通常又称为一次过滤器，其滤灰效率为 50%～70%；在空气压缩机的输出端（即气源装置）使用的为二次过滤器（滤灰效率为 70%～90%）和高效过滤器（滤灰效率大于 99%）。图 8-2 所示为普通空气过滤器（二次过滤器）的结构及其图形符号。其工作原理是：压缩空气从输入口进入后，被引入旋风叶片 1，旋风叶片上有许多成一定角度的缺口，迫使空气沿切线方向产生强烈旋转。这样夹杂在空气中的较大水滴、油滴和灰尘等便依靠自身的惯性与存水杯 3 的内壁碰撞，并从空气中分离出来沉到杯底，而微粒灰尘和雾状水汽则由滤芯 2 滤除。为防止气体旋转将存水杯中积卷起，在滤芯下部设有挡水板 4。此外存水杯中的污水应通过手动排水阀 5 及时排放。在某些人工排水不方便的场合，可采用自动排水式空气过滤器。

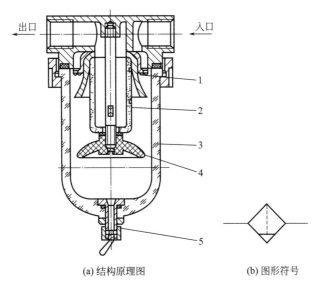

(a) 结构原理图　　　　　(b) 图形符号

图 8-2　普通空气过滤器的结构及图形符号

1—旋风叶片；2—滤芯；3—存水杯；4—挡水板；5—排水阀

2. 除油器

除油器用于分离压缩空气中所含的油分和水分。其工作原理是：当压缩空气进入除油器后产生流向和速度的急剧变化，再依靠惯性作用，将密度比压缩空气大的油滴和水滴分离出来。图 8-3 所示为除油器的结构及其图形符号。压缩空气进入除油器后，气流转折下降，然后上升，依靠转折时离心力的作用析出油滴和水滴。空气转折上升的速度在压力小于 1.0MPa 时不超过 1m/s。若除油器进出口管径为 d，进出口空气流速为 v，气流上升速度为 1m/s，则除油器的直径 $D=\sqrt{v}d$，其高度 H 一般为其直径 D 的 3.5～4 倍。

3. 空气干燥器

空气干燥器是吸收和排除压缩空气中的水

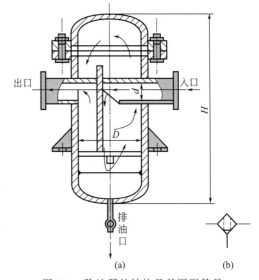

图 8-3　除油器的结构及其图形符号

分和部分油分与杂质，使湿空气变成干空气的装置，由图 8-1 可知，从压缩机输出的压缩空气经过冷却器、除油器和储气罐的初步净化处理后已能满足一般气动系统的使用要求。但对一些精密机械、仪表等还不能满足要求。为此，需要进一步净化处理，为防止初步净化后的气体中的含湿量对精密机械、仪表产生锈蚀，要进行干燥和精过滤。

压缩空气的干燥方法主要有机械法、离心法、冷冻法和吸附法等。机械和离心除水法的原理基本上与除油器的工作原理相同。目前在装备上常用的是吸附法，它主要是利用硅胶、活性氧化铝、焦炭、分子筛等物质表面能吸附水分的特性来清除水分。由于水分和这些干燥剂之间没有化学反应，所以不需要更换干燥剂，但必须定期再生干燥。图 8-4 所示为一种不加热再生式干燥器的结构及其图形符号，它有两个填满干燥剂的相同容器。空气从一个容器

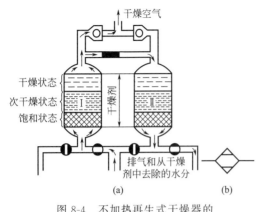

图 8-4　不加热再生式干燥器的
结构及其图形符号

的下部流到上部，水分被干燥剂吸收而得到干燥，一部分干燥后的空气又从另一个容器的上部流到下部，从饱和的干燥剂中把水分带走并放入大气，即实现了不需外加热源的吸附剂再生。I、Ⅱ两容器定次定期地交替工作（5～10min）使吸附剂产生吸附和再生，这样可得到连续输出的干燥压缩空气。

4. 后冷却器

后冷却器用于将空气压缩机排出的气体冷却并除去水分。一般采用蛇管式或套管式冷却器，蛇管式冷却器的结构主要由一个蛇状空心盘管和一只盛装此盘管的圆筒组成。蛇状盘管可用铜管或钢管弯制而成，蛇管的表面积也就是该冷却器的散热面积。由空气压缩机排出的热空气由蛇管上部进入（见图 8-1），通过管外壁与管外的冷却水进行热交换，冷却后由蛇管下部输出。这种冷却器结构简单，使用和维修方便，因而被广泛用于流量较小的场合。

套管式冷却器的结构及其图形符号如图 8-5 所示，压缩空气在外管与内管之间流动，内、外管之间由支承架来支承。这种冷却器流通截面小，易达到高速流动，有利于散热冷却，管间清理也较方便；但其结构笨重，消耗金属量大，主要用在流量不太大，散热面积较小的场合。

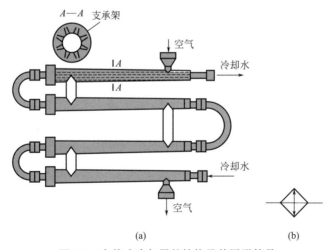

图 8-5　套管式冷却器的结构及其图形符号

另外一种常用的后冷却器是列管式冷却器，如图 8-6 所示。它主要由外壳 3、封头 1、隔板 6、活动板 4、冷却水管 5、固定板 2 组成。冷却水管与隔板、封头焊在一起。冷却水在管内流动，空气在管间流动，活动板为月牙形。这种冷却器可用于较大流量的场合。

5. 储气罐

储气罐的作用是储存空气压缩机排出的压缩空气，减小压力波动；调节压缩机的输出气量与用户耗气量之间的不平衡状况，保证连续、稳定的流量输出；进一步沉淀分离压缩空气

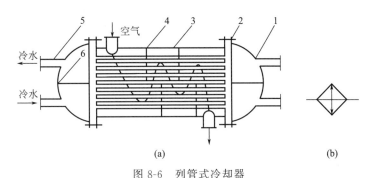

图 8-6　列管式冷却器

1—封头；2—固定板；3—外壳；4—活动板；5—冷却水管；6—隔板

中的水分、油分和其他杂质颗粒。储气罐一般采用焊接结构，其类型有立式和卧式两种，立式结构应用较为普遍。使用时，储气罐应附有安全阀、压力表和排污阀等附件。此外，储气罐还必须符合锅炉及压力容器安全规则的有关规定，如使用前应按标准进行水压试验等。

二、其他辅助元件

其他气动辅助元件的功能有转换信号、传递信号、保护元件、连接元件以及改善系统的工况等。它的种类很多，主要有油雾器、消声器、转换器、传感器、放大器、缓冲器、真空发生器和吸盘以及气路管件等。

1. 油雾器

其作用是将润滑油雾化后喷入压缩空气管道的空气流中，随空气进入系统中润滑相对运动零件的表面。它有油雾型和微雾型两种。图 8-7 为油雾型固定节流式油雾器结构图。喷嘴杆上的孔 2 面对气流，孔 3 背对气流。有气流输入时，截止阀 10 上下有压力差，阀打开。

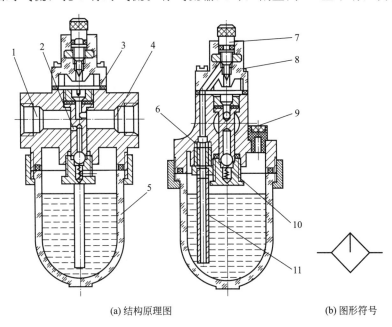

(a) 结构原理图　　　　(b) 图形符号

图 8-7　油雾型固定节流式油雾器结构图

1—气流入口；2,3—小孔；4—出口；5—储油杯；6—单向阀；7—节流阀；8—视油帽；9—旋塞；10—截止阀；11—吸油管油杯中的润滑油经吸油管 11、视油帽 8 上的节流阀 7 滴到喷嘴杆中，被气流从孔 3 引射出去，成为油雾从输出口输出。图 8-7（b）为油雾型的图形符号。

在气源压力大于 0.1MPa 时，该油雾器允许在不关闭气路的情况下加油。供油量随气流大小而变化。油杯和视油帽采用透明材料制成，便于观察。油雾器要有良好的密封性、耐压性和滴油量调节性能。使用时，应参照有关标准合理调节起雾流量等参数，以达到最佳润滑效果。

2. 消声器

高压气体如果直接排入大气，体积会急剧膨胀，产生刺耳的噪音。排气的速度和功率大，噪音也越大，一般可达 100～129dB。这种噪音使工作环境恶化，危害人体健康。一般说来，噪音高至 85dB 都要设法降低，为此可在排气口安装消声器来降低排气噪音。

3. 常用气动辅件的功用（表 8-1）

表 8-1　常用气动辅件的功用

类型		功　用
转换器	气-液转换器	将压缩空气的压力能转换为油液的压力能,但压力值不变
	气-液增压器	将压缩空气的能量转换为油液的能量,但压力值增大,是将低压气体转换成高压油输出至负载液压缸或其他装置以获得更大驱动力的装置
	压力继电器	在气动系统中气压超过或低于给定压力(或压差)时发出电信号。另外,气-电转换器也是将气压信号转换为电信号的元件,其结构与压力继电器相似。不同的压力不可调,只显示压力的有无,且结构较简单
传感器和放大器		气动位置传感器:将位置信号转换成气压信号或电信号进行检测。气动放大器:气压信号传感器输出的信号一般较小,在实际使用时,一般与放大器配合,以放大信号(压力或流量)
缓冲器		当物体运动时,由于惯性作用,在行程末端产生冲击。设置缓冲器可减小冲击,保证系统平稳安全地工作
真空发生器和吸盘		真空发生器是利用压缩空气的高速运动,形成负压而产生真空的。真空吸盘正是利用其内部的负压将管子吸住。它普遍用于薄板、易碎物体等的搬运

第三节　典型装备气动元件

一、气动手指气缸

气动手指气缸也称气指或气爪。其功能是实现各种抓取功能，是现代气动机械手的关键部件。根据气指的数目不同可分为两指气缸、三指气缸、四指气缸。根据气指的运动形式不同可分为平行移动气指和摆动气指等。

1. 平行手指气缸

图 8-8 所示平行手指气缸的手指是通过两个活塞动作的。每个活塞由一个滚轮和一个双曲柄与气动手指相连，形成一个特殊的驱动单元。这样，气动手指总是轴向对心移动，每个手指不能单独移动。如果手指反向移动，则先前受压的活塞处于排气状态，而另一个活塞处于受压状态。

2. 三点手指气缸

如图 8-9 所示，三点手指气缸的活塞上有一个环形槽，每个曲柄与一个气动手指相连，活塞运动能驱动三个曲柄动作，因而可控制三个手指同时打开和合拢。

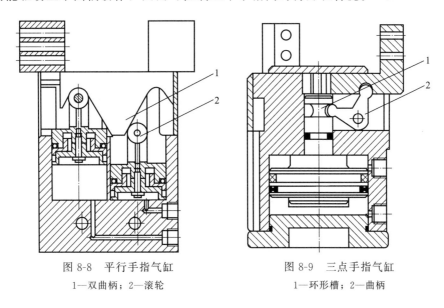

图 8-8　平行手指气缸
1—双曲柄；2—滚轮

图 8-9　三点手指气缸
1—环形槽；2—曲柄

3. 摆动手指气缸

图 8-10 所示的摆动手指气缸的活塞杆上有一个环形槽，由于手指耳轴与环形槽相连，因而手指可同时移动且自动对中，并确保抓取力矩始终恒定。

4. 旋转手指气缸

图 8-11 所示旋转手指气缸的动作是按照齿轮齿条的啮合原理工作的。活塞与一根可上下移动的轴固定在一起。轴的末端有三个环形槽，这些槽与两个驱动轮的齿啮合。因而，气动手指可同时移动并自动对中，并确保抓取力矩始终恒定。

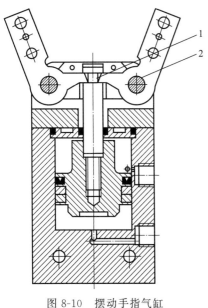

图 8-10　摆动手指气缸

1—环形槽；2—耳轴

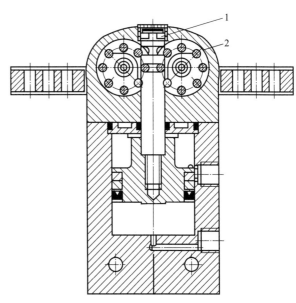

图 8-11　旋转手指气缸

1—环形槽；2—驱动轮

二、气动逻辑元件

气动逻辑元件是以压缩空气为工作介质，在控制气压信号作用下，通过元件内部的可动部件（阀芯、膜片）来改变气流方向，实现一定逻辑功能的气体控制元件。逻辑元件也称为开关元件。气动逻辑元件具有气流通径较大、抗污染能力强、结构简单、成本低、工作寿命长、响应速度慢等特点。

气动逻辑元件种类很多，一般可按下列方式分类：按工作压力分，可分为高压元件（工作压力为 0.2～0.8MPa）、低压元件（工作压力为 0.02～0.2MPa）、微压元件（工作压力在0.02MPa 以下）三种；按结构分，可分为截止式、膜片式和滑阀式等几种类型；按逻辑功能分，可分为或门元件、与门元件、非门元件、或非元件、与非元件和双稳元件等。气动逻辑元件之间的不同组合可完成不同的逻辑功能。

1. 或门元件

图 8-12 所示为或门元件的结构原理与图形符号。A、B 为信号的输入口，S 为信号的输出口。当仅 A 口有信号输入时，阀芯 1 下移封住信号口 B，气流经 S 口输出；当仅 B 口有信号输入时，阀芯 a 上移封住信号口 A，S 口也有输出。只要 A、B 两口中任何一个有信号输入或同时都有信号输入，就会使 S 口有输出，其逻辑表达式为 $S=A+B$。

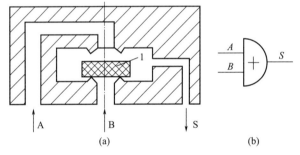

图 8-12 或门元件的结构原理与图形符号

1—阀芯

2. 是门和与门元件

图 8-13 所示为是门和与门元件的结构原理与图形符号。A 为信号的输入口，S 为信

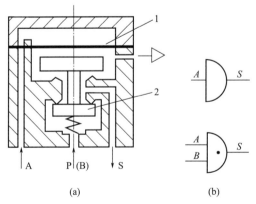

图 8-13 是门和与门元件的结构原理与图形符号

1—膜片；2—阀芯

号的输出口，中间口接气源 P 时为是门元件。当 A 口无输入信号时，阀芯 2 在弹簧及气源压力作用下使阀芯上移，封住输出口 S 与 P 口通道，使输出口 S 与排气口相通，S 口无输出；反之，当 A 口有输入信号时，膜片 1 在输入信号作用下将阀芯 2 推动下移，封住输出口 S 与排气口通道，P 口与 S 口相通，S 口有输出。即 A 口无输入信号时，则 S 口无信号输出；A 口有输入信号时，S 口就会有信号输出。元件的输入和输出信号之间始终保持相同的状态，其逻辑表达式为 $S=A$。若将中间口不接气源而换接另一输入信号 B，则称为与门元件。即只有当 A、B 两口同时有输入信号时，S 口才能有输出，其逻辑表达式为 $S=AB$。

3. 非门和禁门元件

图 8-14 所示为非门和禁门元件的结构原理与图形符号。A 为信号的输入口，S 为信号的输出口，中间孔接气源 P 时为非门元件。当 A 口无输入信号时，阀芯 3 在 P 口气源压力作用下紧压在上阀座上，使 P 口与 S 口相通，S 口有信号输出；反之，当 A 口有输入信号时，膜片变形并推动阀杆，使阀芯 3 下移，关断气源 P 与输出 S 的通道，则 S 口便无信号输出。即当有信号 A 输入时 S 口无输出，当无信号 A 输入时则 S 口有输出，其逻辑表达式为 $S=\overline{A}$。活塞 1 用来显示输出的有无。若把中间孔改作另一信号的输入口 B，则成为禁门元件。当 A、B 两口均有输入信号时，阀杆和阀芯在 A 口输入信号作用下封住 B 口，S 口无输出；反之，在 A 口无输入信号而 B 口有输入信号时，S 口有输出。信号 A 的输入对信号 B 的输入起"禁止"作用，其逻辑表达式为 $S=\overline{A}B$。

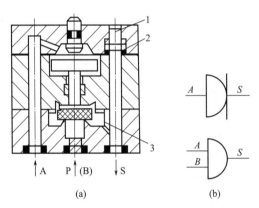

图 8-14　非门和禁门元件的结构原理与图形符号
1—活塞；2—膜片；3—阀芯

4. 或非元件

图 8-15 所示为或非元件的结构原理与图形符号。它是在非门元件的基础上增加两个信号输入端，即具有 A、B、C 三个输入信号，中间孔 P 接气源，S 口为信号输出端。当三个输入端均无信号输入时，阀芯在气源压力作用下上移，使 P 口与 S 口接通，S 口有输出。当三个信号端中任一个有输入信号，相应的膜片在输入信号压力作用下，都会使阀芯下移，切断 P 口与 S 口的通道，S 口无输出。其逻辑表达式为 $S=\overline{A+B+C}$。或非元件是一种多功能逻辑元件，用它可以组成与门、是门、或门、非门、双稳等逻辑功能元件。

5. 双稳元件

双稳元件具有记忆功能，在逻辑回路中起着重要的作用。图 8-16 所示为双稳元件的结构原理与图形符号。双稳元件有两个控制口 A、B，有两个工作口 S_1、S_2。当 A 口有控制

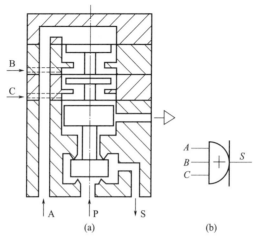

图 8-15　或非元件的结构原理与图形符号

信号输入时，阀芯带动滑块向右移动，接通 P 口与 S_1 口之间的通道，S_1 口有输出，而 S_2 口与排气孔相通，此时，双稳元件处于置"1"状态，在 B 口控制信号到来之前，虽然 A 口信号消失，但阀芯仍保持在右端位置，故使 S_1 口总有输出。当 B 口有控制信号输入时，阀芯带动滑块向左移动，接通 P 口与 S_2 口之间的通道，S_2 口有输出，而 S_1 口与排气孔相通。此时，双稳元件处于置"0"状态，在 B 口信号消失，而 A 口信号到来之前，阀芯仍会保持在左端位置，所以双稳元件具有记忆功能，即 $S_1 = K_A^B$，$S_2 = K_B^A$。在使用中应避免向双稳元件的两个输入端同时输入信号，否则双稳元件将处于不确定工作状态。

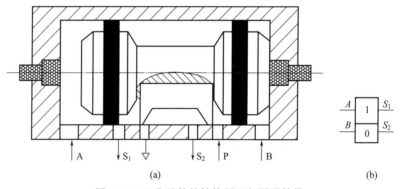

图 8-16　双稳元件的结构原理与图形符号

6. 逻辑元件的应用举例

（1）"或门"元件控制回路

图 8-17 所示为采用梭阀作"或门"元件的控制回路。当信号 a 及 b 均无输入时（图 8-17 所示状态），气缸处于原始位置。当信号 a 或 b 有输入时，梭阀有输出 S，使二位四通阀克服弹簧力作用切换至上方位置，压缩空气即通过二位四通阀进入气缸下腔，活塞上移。当信号 a 或 b 解除后，二位三通阀在弹簧作用下复位，梭阀无输出，二位四通阀也在弹簧作用下复位，压缩空气进入气缸上腔，使气缸复位。

（2）"禁门"元件组成的安全回路

图 8-18 所示为用二位三通按钮式换向阀和逻辑"禁门"元件组成的双手操作安全回路。当两个按钮阀同时按下时，"或门"的输出信号 S_1 要经过单向节流阀 3 进入气容 4，经一定

时间的延时后才能经逻辑"禁门"5输出，而"与门"的输出信号 S_2 是直接输入到"禁门"6上的，因此 S_2 比 S_1 早到达"禁门"6，"禁门"6有输出。输出信号 S_4 一方面推动主控换向阀8换向，使气缸7前进，另一方面又作为"禁门"5的一个输入信号，由于此信号比 S_1 早到达"禁门"5，故"禁门"5无输出。如果先按阀1，后按阀2，且按下的时间间隔大于回路中延时时间 t，那么，"或门"的输出信号 S_1 先到达"禁门"5，"禁门"5有输出信号 S_3 输出，而输出信号 S_3 是作为"禁门"6的一个输入信号的，由于 S_3 比 S_2 早到达"禁门"6，故"禁门"6无输出，主控换向阀不能切换，气缸7不能动作。若先按

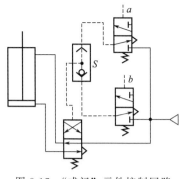

图 8-17 "或门"元件控制回路

下阀2，后按下阀1，则其效果与同时按下两个阀的效果相同。但若只按下其中任一个阀，则换向阀8不能换向。

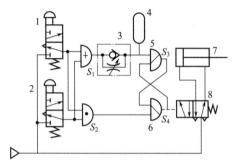

图 8-18 "禁门"元件组成的安全回路

1,2—手动定位换向阀；3—单向节流阀；4—气容；5,6—禁门；

7—气缸；8—换向阀

三、真空元件

以真空吸附为动力源，并配以相应真空元件所组建的真空系统，广泛应用于航空电子、汽车装备、新装备实验等众多领域，对任何具有较光滑表面的物体，特别对于非铁、非金属且不适合夹紧的物体，如薄的柔软的纸张、塑料膜、铝箔，易碎的玻璃及其制品等，都可使用真空吸附来完成各种作业。

例如真空吸盘，是真空系统的执行元件，用于直接吸吊物体。吸盘常采用丁腈橡胶、硅橡胶、氟橡胶和聚氨酯等材料制成碗状或杯状，图8-19(a) 所示为真空吸盘的典型结构。根据工件的形状和大小，可以在安装支架上安装单个或多个真空吸盘。图8-19(b) 所示为真空吸盘的图形符号。橡胶材料如长时间在高温下工作，会使使用寿命变短。硅橡胶的使用温度范围较宽，但在湿热条件下工作则性能变差。吸盘的橡胶出现脆裂，是橡胶老化的表现，除过度使用的原因外，多由于受热或日光照射所致，故吸盘宜保管在冷暗的室内。

总之，在真空压力下工作的相关元件，统称真空元件。真空元件包括真空发生装置、真空执行机构、真空阀和真空辅件。

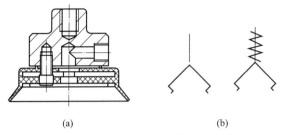

(a)   (b)

图 8-19　真空吸盘的典型结构和图形符号

习　　题

1.气源为什么要净化？气源装置主要由哪些元件组成？

2.气压辅助装置常用的有哪些？各有何作用？

3.什么是油雾器？油雾器有什么作用？

4.气源装置中为什么要设置储气罐？

5.常见的气动手指气缸有哪些？

6.启动逻辑元件有哪些类型？请绘制它们的职能符号。

第九章　装备气动基本回路

气压传动系统的形式很多，但是和液压传动系统一样，也是由不同功能的基本回路所组成的，熟悉常用的基本回路是分析和设计气压传动系统的必要基础。本章主要叙述装备常用气动控制回路的工作原理及其应用特点。

第一节　换向回路

一、单作用气缸换向回路

图 9-1 所示为单作用气缸换向回路。图 9-1(a) 所示是用二位三通电磁阀控制的单作用气缸上、下回路，该回路中，当电磁铁得电时，气缸向上伸出，失电时气缸在弹簧作用下返回。图 9-1(b) 所示为三位四通电磁阀控制的单作用气缸上、下和停止的回路，该阀在两电磁铁均失电时能自动对中，使气缸停于任何位置，但定位精度不高，且定位时间不长。

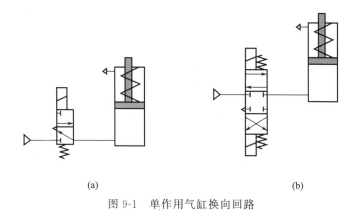

(a)　　　　　　　　　　　　　　　　　(b)

图 9-1　单作用气缸换向回路

二、双作用气缸换向回路

图 9-2 所示为各种双作用气缸的换向回路。图 9-2(a) 所示是比较简单的换向回路；图 9-2(f) 有中停位置，但中停定位精度不高；图 9-2(d)、(e)、(f) 的两端控制电磁铁线圈或按钮不能同时操作，否则将出现误动作，其回路相当于双稳的逻辑功能；对 9-2(b) 所示

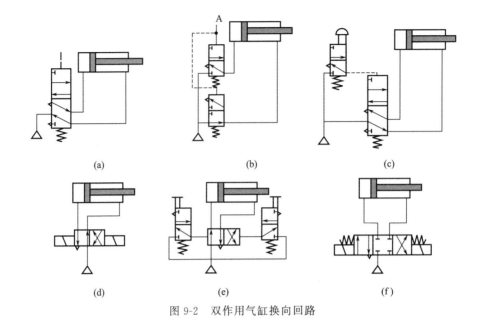

(a)　　　　　　　　(b)　　　　　　　　(c)

(d)　　　　　　　　(e)　　　　　　　　(f)

图 9-2　双作用气缸换向回路

的回路，当 A 处有压缩空气时，气缸推出，反之，气缸退回。

第二节　调速回路

一、单作用气缸速度控制回路

图 9-3 所示为单作用气缸速度控制回路。在图 9-3(a) 所示的回路中，升、降均通过节流阀调速，两个相反安装的单向节流阀可分别控制活塞杆的伸出及缩回速度。在图 9-3(b) 所示的回路中，气缸上升时可调速，下降时则通过快排气阀排气，使气缸快速返回。

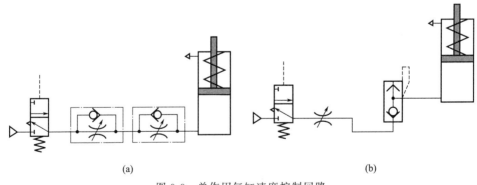

(a)　　　　　　　　　　　　(b)

图 9-3　单作用气缸速度控制回路

二、缓冲回路

要获得气缸行程末端的缓冲，除采用带缓冲的气缸外，特别是在行程长、速度快、惯性大的情况下，往往需要采用缓冲回路来满足气缸运动速度的要求。常用的缓冲回路如图 9-4

所示。图 9-4（a）所示的网路能实现快进→慢进缓冲→停止快退的循环，行程阀可根据需要来调整缓冲开始位置，这种回路常用于惯性力大的场合。图 9-4（b）所示回路的特点是：当活塞返回到行程末端时，其左腔压力已降至打不开顺序阀的程度，余气只能经节流阀排出，因此活塞得到缓冲，这种回路常用于行程长、速度快的场合。

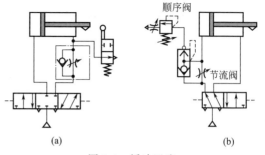

图 9-4　缓冲回路

图 9-4 所示的回路都只能实现一个运动方向上的缓冲，若两侧均安装此回路，则可达到双向缓冲的目的。

第三节　调压回路

调压回路的功用是使系统保持在某一规定的压力范围内。常用的有一次压力控制回路、二次压力控制回路和高低压转换回路。

一、一次压力控制回路

这种回路用于使储气罐送出的气体压力不超过规定压力。为此，通常在储气罐上安装一只安全阀，用来实现一旦罐内超过规定压力就向大气放气的目的。也常在储气罐上装一电接点压力表，一旦罐内超过规定压力时，控制空气压缩机断电，不再供气。

二、二次压力控制回路

为保证气动系统使用的气体压力为一稳定值，多用图 9-5 所示的由空气过滤器、减压器、油雾器（气源处理装置）组成的二次压力控制回路。但要注意，供给逻辑元件的压缩空气不要加入润滑油。

三、高低压转换回路

该回路利用两只减压阀和一只换向阀间或输出低压或高压气源，如图 9-6 所示，若去掉换向阀，就可同时输出高、低压两种压缩空气。

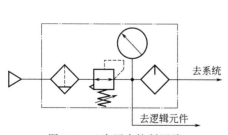

图 9-5　二次压力控制回路

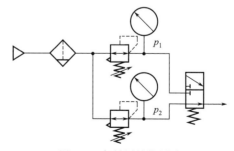

图 9-6　高低压转换回路

第四节　气液联动回路

气液联动以气压为动力，利用气液转换器把气压传动变为液压传动，或采用气液阻尼缸来平稳有效地控制运动速度，或使用气液增压器来使传动力增大等。气液联动回路装置简单，经济可靠。

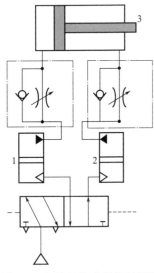

图 9-7　气液转换速度控制回路

1,2—气液转换器；3—液压缸

一、气液转换速度控制回路

图 9-7 所示为气液转换速度控制回路，它利用气液转换器 1、2 将气压变成液压，利用液压油驱动液压缸 3，从而得到平稳易控制的活塞运动速度，调节节流阀的开度，就可改变活塞的运动速度。这种回路充分发挥了气动供气方便和液压速度容易控制的特点。

二、用气液阻尼缸的速度控制回路

图 9-8 所示为用气液阻尼缸的速度控制回路。图 9-8（a）所示为慢进快退回路，改变单向节流阀的开度，即可控制活塞的前进速度；活塞返回时，气液阻尼缸中液压缸的无杆腔的油液通过单向阀快速流入有杆腔，故返回速度较快，高位油箱起补充泄漏油液的作用。图 9-8（b）所示回路能实现机床工作循环中常用的快进→工进→快退的动作。当有信号 K_2 时，五通阀换向，活塞向左运动，液压缸无杆腔中的油液通过 A 口进入有杆腔，气缸快速向左前进；当活塞将 A 口关闭时，液压缸无杆腔中的油液被迫从 B 口经节流阀进入有杆腔，活塞工作进给变慢；当 K_2 消失，有输入信号 K_1 时，五通阀换向，活塞向右快速返回。

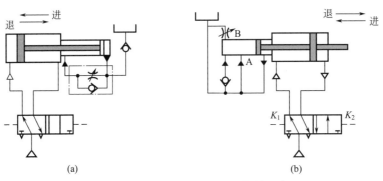

图 9-8　用气液阻尼缸的速度控制回路

三、气液增压缸增力回路

图 9-9 所示为利用气液增压缸 1 把较低的气压变为较高的液压力，以提高缸 2 的输出力的回路。

四、气液缸同步动作回路

如图 9-10 所示，该回路的特点是将油液密封在回路之中，油路和气路串接，同时驱动 1、2 两个缸，使两者运动速度相同，但这种回路要求缸 1 无杆腔的有效面积必须和缸 2 的有杆腔面积相等。在设计和制造中，要保证活塞与缸体之间的密封，回路中的截止阀 3 与放气口相接，用以放掉混入油液中的空气。

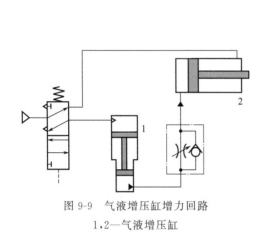

图 9-9　气液增压缸增力回路
1,2—气液增压缸

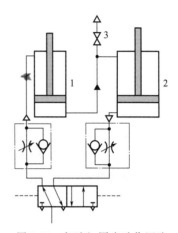

图 9-10　气液缸同步动作回路
1,2—气液增压缸；3—截止阀

第五节　计数回路

计数回路可以组成二进制计数器。在图 9-11(a) 所示回路中，按下阀 1 按钮，则气信号经阀 2 至阀 4 的左或右控制端使气缸推出或退回。阀 4 换向位置取决于阀 2 的位置，而阀 2 的换位又取决于阀 3 和阀 5。假设按下阀 1 时，气信号经阀 2 至阀 4 的左端使阀 4 换至左位，同时使阀 5 切断气路，此时气缸向外伸出。当阀 1 复位后，原通入阀 4 左控制端的气信号经阀 1 排空，阀 5 复位，于是气缸无杆腔的气经阀 5 至阀 2 左端，使阀 2 换至左位，等待阀 1

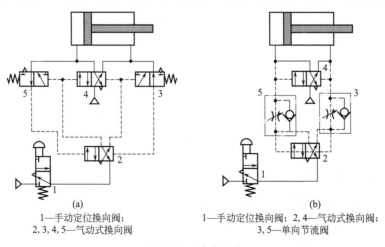

(a)
1—手动定位换向阀；
2,3,4,5—气动式换向阀

(b)
1—手动定位换向阀；2,4—气动式换向阀；
3,5—单向节流阀

图 9-11　计数回路

的下一次信号输入。当阀1第二次按下后，气信号经阀2的左位至阀4右控制端使阀4换至右位，气缸退回，同时阀3将气路切断。待阀1复位后，阀4右控制端信号经阀2，阀1排空，阀3复位并将气导至阀2左端使其换至右位，又等待阀1下一次信号输入。这样，第1、3、5、⋯（奇数）次按压阀1，则气缸伸出；第2、4、6、⋯（偶数）次按压阀1，则使气缸退回。

图9-11(b)所示的计数原理同图9-11(a)。不同的是按压阀1的时间不能过长，只要使阀4切换后就放开，否则气信号将经阀5或阀3通至阀2左或右控制端，使阀2换位，气缸反行，从而使气缸来回振荡。

第六节　延时回路

图9-12所示为延时回路。图9-12(a)所示是延时输出回路，当控制信号切换阀4后，压缩空气经单向节流阀3向气容2充气。当充气压力经延时升高至使阀1换位时，阀1就有输出。在图9-12(b)所示回路中，按下阀8，则气缸向外伸出，当气缸在伸出行程中压下阀5后，压缩空气经节流阀到气容6延时后才将阀7切换，气缸退回。

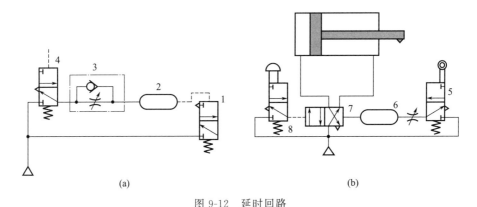

(a)　　　　　　　　　　　　　　(b)

图9-12　延时回路

1,4,7—气动式换向阀；2,6—气容；3—单向节流阀；5—机动式换向阀；8—手动定位换向阀

第七节　装备气动系统中的安全保护回路

由于气动机构过载、气压的突然降低以及气动执行机构的快速动作等原因都可能危及操作人员或设备的安全，因此在气动回路中，常常要加入安全保护回路。需要指出的是，在设计任何气动回路时，特别是在安全回路中，都不可缺少过滤装置和油雾器。因为，脏污空气中的杂物可能堵塞阀中的小孔与通道，使气路发生故障。缺乏润滑油，很可能使阀发生卡死或磨损，以致整个系统的安全都发生问题。下面介绍几种常用的安全保护回路。

一、过载保护回路

图9-13所示为过载保护回路，当活塞杆在伸出途中，若遇到偶然障碍或其他原因使气缸过载时，活塞就立即缩回，实现过载保护。如图9-13所示，在活塞伸出的过程中，若遇到障碍6，无杆腔压力升高，打开顺序阀3，使阀2换向，阀4随即复位，活塞立即退回。

同样若无障碍 6，气缸向前运动时压下阀 5，活塞即刻返回。

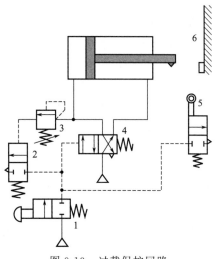

图 9-13　过载保护回路

1—手动定位换向阀；2,4—气动式换向阀；3—顺序阀；5—机动式换向阀；6—障碍

二、互锁回路

图 9-14 所示为互锁回路，在该回路中，四通阀的换向受三个串联的机动三通阀控制，只有三个都接通，主控阀才能换向。

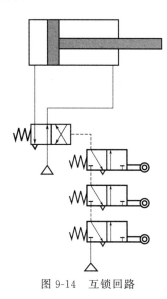

图 9-14　互锁回路

三、双手同时操作回路

所谓双手同时操作回路就是使用两个起动用的手动阀，只有同时按动两个阀才动作的回路。这种回路主要是为了安全。这在较危险的装备启动回路上常用来避免误动作，以保护操作者的安全。

图 9-15(a) 所示为使用逻辑"与"回路的双手同时操作回路，为使主控阀换向，必须使

压缩空气信号进入上方侧，为此必须使两只三通手动阀同时换向，另外这两个阀必须安装在单手不能同时操作的距离上，在操作时，如任何一只手离开时则控制信号消失，主控阀复位，活塞杆后退。图 9-15(b) 所示是使用三位主控阀的双手同时操作回路，把此主控阀 1 的信号 A 作为手动阀 2 和 3 的逻辑"与"回路，亦即只有手动阀 2 和 3 同时动作时，主控制阀 1 换向到上位，活塞杆前进；把信号 B 作为手动阀 2 和 3 的逻辑"或非"回路，即当手动阀 2 和 3 同时松开时（图示位置）。主控阀 1 换向到下位，活塞杆返回；若手动阀 2 或 3 任何一个动作，将使主控制阀复位到中位，活塞杆处于停止状态。

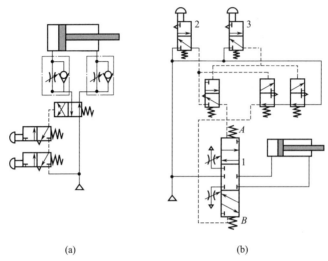

(a)   (b)

图 9-15　双手同时操作回路
1—主控阀；2,3—手动阀

习　　题

分析图 9-16 所示气动回路的工作过程，并指出各气动元件的名称。

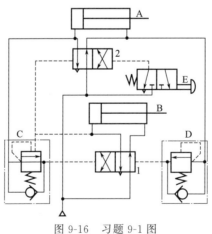

图 9-16　习题 9-1 图

第十章　车辆气压制动系统

气压传动系统具有结构简单、造价较低、易于控制的特点。气动装置在车辆控制及传动中有诸多应用，包括制动防抱死（ABS）系统、悬架系统、变速机构等。本章以装备制动系统原理及故障诊断为主要内容进行介绍。

第一节　典型装备车辆气压制动系统

一、某装备车辆Ⅰ主车气压制动回路

如图 10-1 所示为某装备车辆Ⅰ主车气压制动回路示意图。空气压缩机 1 由发动机通过

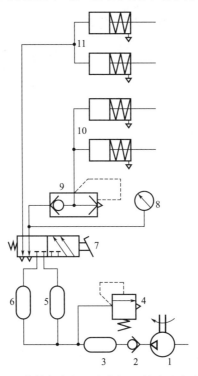

图 10-1　某装备车辆Ⅰ主车气压制动回路示意图

1—空气压缩机；2—单向阀；3,5,6—储气筒；4—调压阀；7—制动控制阀；8—压力表；9—快速排气阀；10,11—制动缸

皮带驱动,将压缩空气经单向阀2压入储气筒3,然后再分别经两个互相独立的前桥储气筒5和后桥储气筒6将压缩空气输送到制动控制阀7。当踩下制动踏板时,压缩空气经控制阀同时进入前轮制动缸10和后轮制动缸11(实际上为制动气室),使前后轮同时制动。松开制动踏板,前后轮制动室的压缩空气则经制动控制阀排入大气,解除制动。图中4为调压阀,9为快速排气阀。

该车使用的是风冷单缸空气压缩机。缸盖上设有卸荷装置。压缩机与储气筒之间还装有调压阀和单向阀。当储气筒气压达到规定值后,调压阀就将进气阀打开,使空气压缩机卸荷,一旦调压阀失效,则由安全阀起过载保护作用。单向阀可防止压缩空气倒流。该车采用双腔膜片式并联制动控制阀(踏板式)。踩下踏板,使前后轮制动(后轮略早)。当前、后桥回路中有一回路失效时,另一回路仍能正常工作,实现制动。在后桥制动回路中安装了膜片式快速放气阀,可使后桥制动迅速解除。压力表8指示后桥制动回路中的气压。该车采用膜片式制动室,利用压缩空气的膨胀力推动制动臂及制动凸轮,使车轮制动。

二、某装备车辆Ⅱ主车气压制动回路

图10-2所示为某装备车辆Ⅱ的双回路气压制动系统示意图。由发动机驱动空气压缩机压缩空气经单向阀首先输入湿储气罐中,进行冷却、油水分离,然后输入到前、后制动储气罐中,对前后轮分别进行制动,这样保证在一个回路发生故障时,另一个回路仍具有一定的制动力,从而提高汽车安全性。湿储气罐有压力开关,当罐内压力达到 0.7~0.74MPa 时,安全阀开启,空气压缩机卸荷。

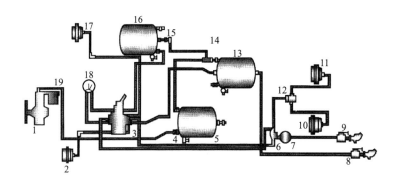

图 10-2 某装备车辆Ⅱ的双回路气压制动系统示意图

1—空气压缩机;2,17—前制动轮缸;3—制动阀;4,14,15—储气罐单向阀;5—湿储气罐;6—或门型梭阀;
7—挂车制动阀;8—挂车储气罐充气开关;9—挂车分离开关;10,11—后制动轮缸;12—快放阀;
13—前制动储气罐;16—后制动储气罐;18—双针气压表;19—安全阀

制动阀为串列双腔制动阀,不制动时,前、后制动轮缸分别经制动阀和快放阀与大气相通。当制动时,制动阀同时接通前、后储气罐与前、后制动轮缸,进行制动。这样制动阀的优点在于,即使前后制动管路有一个发生爆裂,另一管路仍能得到压缩空气进行制动,充分地保证汽车行驶的安全性。

此制动系统还有一条通往挂车的制动回路,在不制动时,由前储气罐向挂车储气罐充气。制动时前、后储气罐的压缩空气同时进入梭阀中,压力较大者通过梭阀进入到挂车制动阀中,对挂车进行制动。

某装备车辆Ⅱ的双回路气压制动系统结构示意图如图10-3所示,具体工作工程如下。

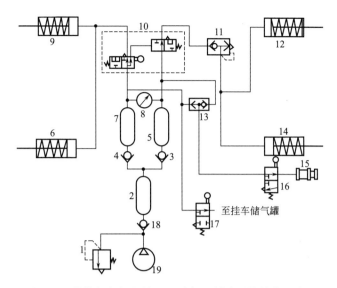

图 10-3　某装备车辆Ⅱ的双回路气压制动系统结构示意图

1—安全阀；2—湿储气罐；3,4,18—储气罐单向阀；5—后制动储气罐；6,9—前制动轮缸；7—前制动储气罐；
8—双针气压表；10—制动阀；11—快放阀；12,14—后制动轮缸；13—或门型梭阀；15—挂车分离开关；
16—挂车制动阀；17—挂车储气罐充气开关；19—空气压缩机

① 前轮制动：空气压缩机 19→单向阀 18→湿储气罐 2→单向阀 4→前制动储气罐 7→制动阀 10 中的手动阀右位→前制动轮缸 6 和 9。

② 后轮制动：空气压缩机 19→单向阀 18→湿储气罐 2→单向阀 3→后制动储气罐 5→制动阀 10 中的气动阀左位→快放阀 11→后制动轮缸 12 和 14。

③ 挂车制动：空气压缩机 19→单向阀 18→湿储气罐 2→单向阀 3 和 4→前制动储气罐 7 和后制动储气罐 5 个梭阀 13→挂车制动阀 16→挂车制动轮缸。

④ 挂车充气：空气压缩机 19→单向阀 18→湿储气罐 2→单向阀 4→前制动储气罐 7→充气开关 17。

第二节　气压制动防抱死（ABS）系统

装备车辆在行驶过程中，经常要用制动的方式来降低车速，或在很短的距离内停车，可是过度制动会使车轮抱死。如果前轮先抱死，汽车将失去转向能力；如果后轮先抱死，汽车有可能出现侧滑甚至调头的危险。为了防止制动时车轮被抱死后在路面上进行纯粹地滑移，提高汽车在制动过程中的转向操纵能力和方向稳定性，缩短制动距离，设置了汽车防滑控制系统，称为制动防抱死系统，简称 ABS。

按 ABS 的结构及原理，分为液压 ABS、气压 ABS 和气顶液 ABS。气压 ABS 主要用于中、重型装备车辆上，所装用的 ABS 主要分为两类，一类是用于四轮后驱动气压制动的汽车上，另一类是用于汽车列车上的 ABS。

1. 四轮后驱动气压制动汽车 ABS

四轮后驱动气压制动系统汽车装用的 ABS，一般采用四传感器、四通道、四轮独立控制，如图 10-4 所示。每个车轮配有一个轮速传感器和一个制动压力调节器（PCV 阀），前

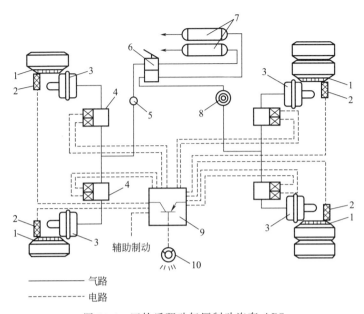

图 10-4　四轮后驱动气压制动汽车 ABS

1—齿圈；2—轮速传感器；3—制动气室；4—制动压力调节器（PCV 阀）；

5—快放阀；6—制动总阀；7—储气筒；8—继动阀；9—ABS ECU；10—报警灯

轮 PCV 阀串联在快放阀与前轮制动气室之间，后轮 PCV 串联在继动阀与后轮制动气室之间。PCV 阀根据 ABS ECU 的指令将压缩空气充入制动气室、排出制动气室或封闭制动气室，从而实现制动压力的"增压""减压"和"保持"过程。

2. 汽车列车气压 ABS

汽车列车（四轮后驱动牵引车、单轴半挂车等）气压 ABS 如图 10-5 所示。牵引车和单轴半挂车上分别安装着两套独立的 ABS 控制系统，牵引车采用四传感器、四通道、四轮独

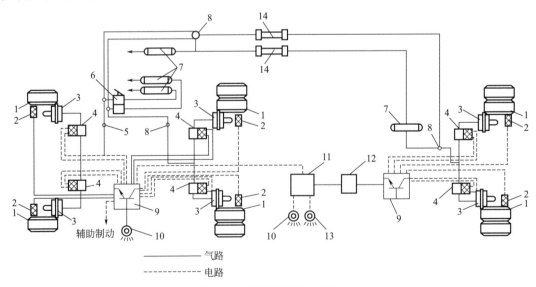

图 10-5　汽车列车气压 ABS

1—齿圈；2—轮速传感器；3—制动气室；4—制动压力调节器（PCV 阀）；5—快放阀；6—制动总阀；7—储气筒；

8—继动阀；9—ABS ECU；10—报警灯；11—信号控制；12—5 端子连接器；13—信号灯；14—空气软管

立控制方式。单轴半挂车采用两传感器、两通道、两轮独立控制方式，对制动压力的控制原理与四轮后驱动气压制动汽车 ABS 基本相同。牵引车与挂车的 ABS 之间用专用 ABS 连接器连接，牵引车 ABS 通过连接器向挂车 ABS 供电，同时通过连接器将挂车 ABS 工作的有关故障信息传递到牵引车，并由驾驶室中仪表盘上的指示灯和报警灯显示。

第三节　气动 ABS 系统故障的诊断

近年来，ABS 越来越受到人们关注和了解。ABS 故障分析与排除已成为维修保障及驾驶员必备的技术能力。目前，大部分具有气制动的装备车辆都装备有 ABS，其技术含量高，电路复杂，让人难以掌握。正确认识、使用和保养 ABS 也需要一定的技巧。

汽车 ABS 故障诊断和检查是维修中非常重要的一环。对于 ABS 系统来说，不同的车型，甚至同一系列不同年代产的车型，装用的 ABS 型号也不一样，因而故障诊断和检查的方法以及程序都可能会有所不同，但通常采用以下方法和步骤。

一、"软"故障

所谓"软"故障是将程序、指示等延伸出来的故障。这类故障分析只能通过观察和分析来判定，判定比较难，有时甚至不是 ABS 本身故障，和车辆本身制动也有很大关系，可以先采用读取故障代码来判定。ABS 系统一般都具有故障自诊断功能，电子控制器工作时能对自身和系统中的有关电器元件进行测试。如果电子控制器发现系统中存在故障，一方面使 ABS 系统警示灯点亮，中断 ABS 系统工作，恢复常规制动系统；另一方面将故障信息以代码的形式存入存储器内，然后检修人员将故障代码取出，以便了解故障情况。ABS 系统故障代码的读取方法大致有以下三种。

① 连接自诊断启动电路读取故障代码，相当一部分 ABS 系统设有自诊断插座，维修人员可按规定的方法跨接插座中相应端子，然后根据 ABS 系统警示灯、跨接线中的发光二极管（LED）和 ABS 系统 ECU 上的发光二极管的闪烁规律，读取故障代码，工作人员参照故障代码表，确定故障的基本情况。

② 借助专用诊断测试仪读取故障代码，借助专用诊断测试仪（有的称为电脑解码器和诊断仪）与 ABS 系统故障诊断通信接口相连，按照一定的操作规程，通过与 ABS 系统 ECU 双向通信，从检测仪的显示器或指示灯上显示故障代码。有的测试仪不仅能读出和清除故障代码，而且还可以向 ABS 系统 ECU 传输控制指令，对 ABS 系统的工作进行模拟，对电控系统进行诊断测试，确定故障部位以及故障性质。目前有的汽车只能用专用测试仪才可以读取 ABS 系统的故障代码和进行故障诊断。

③ 利用汽车仪表板上的显示系统读出故障代码。有的汽车仪表板上具有驾驶员信息系统，即中心计算机系统，检修人员可以按照一定的自检操作程序，从信息显示屏上显示 ABS 系统的故障代码和故障信息。

二、"硬"故障

"硬"故障则是将"软"故障排除后所产生的硬性故障。常见的有熔丝、控制器、轮速传感器烧毁，电源线搭铁不良，接头未插牢，轮速传感器和电磁阀线短路、断路等。

一般采用直观检查法来检查"硬"故障。直观检查是在 ABS 系统出现故障和感觉系统不正常时采用的初步目视检查方法。具体应检查的内容是：驻车制动是否完全释放；制动气体是否有漏气，制动压力是否在规定的范围内；所有 ABS 系统的熔丝、继电器是否完好，插接是否牢固；ABS 系统的 ECU 连接器（插头和插座）连接是否良好；有关元器件（轮速传感器、电磁阀体等）的连接器和导线是否连接良好；ABS 系统 ECU、调节器等的搭铁线是否接触可靠；蓄电池电压是否在规定范围内，正、负极柱的导线是否连接可靠等。

三、"软"故障和"硬"故障结合

ABS 系统有时也会有"软"故障和"硬"故障结合的情况。快速检查一般是在自诊断基础上进行的，它是利用专用仪器或数字万用表等，对系统的电路和元件进行连续测试，以查找故障的方法。先了解汽车电路，大部分汽车电路采用单线制的并联电路，这是从总体上看的，在局部电路仍然有串联、并联与混联电路。全车电路其实都是由各种电路叠加而成的，每种电路都可以独立分列出来，化复杂为简单。全车电路按照基本用途可以划分为灯光、信号、仪表、启动、点火、充电、辅助等电路。每条电路有自己的负载导线与控制开关或熔丝盒相连接。ABS 系统的电路大部分采用单线制的独立并联电路。

根据故障代码，多数情况下只能了解故障大致范围和基本情况，有的还没有自诊断系统的断电功能，不能读取故障代码。为了进一步查清故障，经常采用一些仪器或万用表等，对 ABS 系统的电路和元器件，特别是怀疑可能有故障部位的电参数（如电阻、电压、波形等）进行深入测试，根据测试仪和仪表显示的信息，确诊故障的部位、性质和原因，特别是借助专用 ABS 诊断测试仪，可以得到快速满意的结果。下面介绍常用的几种方法。

① 利用 ABS 诊断测试仪进行测试。它是一种电路参数测试仪，可以对 ABS 系统的传感器和执行器等有关参数进行测量。此测试仪上有程序选择开关、指示灯、数字屏等。采用该测试仪有时需要有万用表配合。

② 利用接线端子盒进行测试。由于大多数 ABS 系统 ECU 安装位置的关系，ABS 系统 ECU 线束插头一般都不容易接近，加之线束插头上的端子又没有标号，使确定要测试的端子比较困难。这不仅影响测试结果的准确性，而且会使端子变形或损坏，为此常采用一种接线端子盒。由于 ABS 系统 ECU 线束插头的形式，端子的数目以及端子的功能不尽相同，所选用的接线端子盒也不同。

③ 直接用万用表测试。在没有诊断测试仪和接线端子盒的情况下，为了查处故障部位和原因，也可直接用万用表对 ABS 系统 ECU 的线束端子进行测试（一般装备车辆生产厂家不提倡）。这种方法速度比较慢，而且要求测试人员对 ABS 系统 ECU 各端子的位置、名称比较熟悉。测试时应使用高阻抗万用表（大于 10V）。如果 ABS 系统 ECU 线束从 ECU 相连接时，一般只测试 ABS 系统 ECU 各端子与搭铁间的电压值（点火开关置于 ON 位置）和 ECU 各接线端子间的电阻值（点火开关置于 OFF 位置）。

如数值不在规定范围内，对出现故障的部件进一步检查、维修或更换。

综上所述，应了解制动防抱死系统（ABS）是一种反馈控制系统，并不是自动的制动系统，而是人机构成的交互式制动系统，作为加装于汽车原有的制动系统中的控制系统，只有合理的匹配、正确的安装与使用，才能充分发挥其作用。ABS 只是对常规制动系统不足部分的补充，它不能明显缩短车辆的制动系统，并且不能改善非常规行车现象和车辆本身原因（如刹车片变薄、制动气室卡簧归位受阻等）。为确保安全，必须严格按要求行车，谨慎驾驶，严禁超速行驶等违章现象的发生。ABS 是一微电脑控制系统，如果 ABS 发生故障，它会自动关闭 ABS 工作，并使车辆恢复到常规制动系统。此时应谨慎驾驶，并尽快修复故障，无论哪种情况，故障未排除时，当 ABS 有电的情况下，指示灯均常亮，诊断时会闪烁故障代码，以显示故障。如需对车辆进行维修（如焊接、线路维修等），应先关断车辆总电源，然后拔下控制器插头，再进行维修。严禁直接对控制器和调节器喷水，以防短路；若使用制动灯对 ABS 进行供电时，请更换制动灯熔丝（由原来的 5A 改为 15A）。当对车辆进行常规制动的调整，更换蹄片时，应对传感器和齿圈进行调整保养。

习　　题

1.试分析车辆气压制动系统典型气压控制阀有哪些？各有何作用？

2.什么是汽车 ABS 系统？

3.汽车制动系统日常维护时，应注意哪些事项？

参 考 文 献

［1］ 崔培雪，安翠国.汽车液压与气压传动.北京：化学工业出版社，2014.

［2］ 黄志坚.车辆液压气动系统及维修.北京：化学工业出版社，2015.

［3］ 宁辰校.气动技术入门与提高.北京：化学工业出版社，2017.

［4］ 李松晶，向东，张玮.轻松看懂液压气动系统原理图（双色精华版）.第 2 版.北京：化学工业出版社，2016.

［5］ 陆望龙.看图学液压维修技能.第 2 版.北京：化学工业出版社，2014.

［6］ 陆望龙.液压知识名师讲堂·陆工谈液压维修.北京：化学工业出版社，2012.

［7］ 陆望龙.图解液压阀维修.北京：化学工业出版社，2014.

［8］ 左健民.液压与气压传动.第 5 版.北京：机械工业出版社，2016.

［9］ 刘忠，杨国平.工程机械液压传动原理、故障诊断与排除.第 2 版.北京：机械工业出版社，2018.

［10］ 张海平.实用液压测试技术.北京：机械工业出版社，2015.

［11］ 李新德.液压系统故障诊断与维修技术手册.第 2 版.北京：中国电力出版社，2013.

［12］ 黄志坚.液压元件使用与维修 150 例.北京：中国电力出版社，2010.

［13］ 贾铭新.液压传动与控制.北京：电子工业出版社，2017.

［14］ 柳阳明，陈丽英.航空液压与气动.北京：航空工业出版社，2015.